# 船用燃气轮机
# 变几何涡轮技术

Variable Geometry Turbine Technology
for Marine Gas Turbines

高杰　郑群
林枫　梁晨　刘宇　等著

国防工业出版社

·北京·

## 内 容 简 介

本书从船用燃气轮机对变几何涡轮的设计要求出发，系统、全面地介绍了变几何涡轮流动机理及特性、气动设计方法、可调导叶调节设计方法、可调导叶系统结构设计技术和变几何涡轮气动特性及可靠性试验技术等方面的研究结果。

本书可供燃气轮机及其相关领域的科研技术人员、大学教师等参考，也可作为高等院校相关专业的研究生参考书。

This book starts from the design requirements of variable geometry turbines for marine gas turbines. It systematically and comprehensively introduces the flow mechanism and characteristics of variable geometry turbines, aerodynamic design methods, variable vane turning design methods, structural design technology of the variable vane system, aerodynamic characteristics and reliability test technology for variable geometry turbines, and so on.

This book can be used as reference for scientific research and technical personnel, university teachers, etc. in gas turbine and related fields, and can also be used as a graduate reference book for related majors in higher education institutions.

**图书在版编目（CIP）数据**

船用燃气轮机变几何涡轮技术/高杰等著. —北京：
国防工业出版社,2022.1
ISBN 978 – 7 – 118 – 10313 – 7

Ⅰ. ①船… Ⅱ. ①高… Ⅲ. ①船舶—燃气轮机—研究
Ⅳ. ①U664.131

中国版本图书馆 CIP 数据核字（2021）第 219206 号

※

国防工业出版社出版发行
（北京市海淀区紫竹院南路 23 号 邮政编码 100048）
三河市腾飞印务有限公司印刷
新华书店经售

*

开本 710×1000 1/16 插页 14 印张 13¼ 字数 222 千字
2022 年 1 月第 1 版第 1 次印刷 印数 1—2000 册 定价 116.00 元

**（本书如有印装错误，我社负责调换）**

国防书店：(010)88540777　　书店传真：(010)88540776
发行业务：(010)88540717　　发行传真：(010)88540762

# 致 读 者

本书由中央军委装备发展部**国防科技图书出版基金**资助出版。

为了促进国防科技和武器装备发展,加强社会主义物质文明和精神文明建设,培养优秀科技人才,确保国防科技优秀图书的出版,原国防科工委于1988年初决定每年拨出专款,设立国防科技图书出版基金,成立评审委员会,扶持、审定出版国防科技优秀图书。这是一项具有深远意义的创举。

**国防科技图书出版基金**资助的对象是:

1. 在国防科学技术领域中,学术水平高,内容有创见,在学科上居领先地位的基础科学理论图书;在工程技术理论方面有突破的应用科学专著。

2. 学术思想新颖,内容具体、实用,对国防科技和武器装备发展具有较大推动作用的专著;密切结合国防现代化和武器装备现代化需要的高新技术内容的专著。

3. 有重要发展前景和有重大开拓使用价值,密切结合国防现代化和武器装备现代化需要的新工艺、新材料内容的专著。

4. 填补目前我国科技领域空白并具有军事应用前景的薄弱学科和边缘学科的科技图书。

国防科技图书出版基金评审委员会在中央军委装备发展部的领导下开展工作,负责掌握出版基金的使用方向,评审受理的图书选题,决定资助的图书选题和资助金额,以及决定中断或取消资助等。经评审给予资助的图书,由中央军委装备发展部国防工业出版社出版发行。

国防科技和武器装备发展已经取得了举世瞩目的成就,国防科技图书承担着记载和弘扬这些成就,积累和传播科技知识的使命。开展好评审工作,使有限的基金发挥出巨大的效能,需要不断摸索、认真总结和及时改进,更需要国防科技和武器装备建设战线广大科技工作者、专家、教授,以及社会各界朋友的热情支持。

让我们携起手来,为祖国昌盛、科技腾飞、出版繁荣而共同奋斗!

**国防科技图书出版基金**
评审委员会

# 国防科技图书出版基金
# 2019 年度评审委员会组成人员

主 任 委 员　吴有生

副主任委员　郝　刚

秘 书 长　郝　刚

副 秘 书 长　刘　华　袁荣亮

委　　　员　（按姓氏笔画排序）

于登云　王清贤　王群书　甘晓华　邢海鹰
刘　宏　孙秀冬　芮筱亭　杨　伟　杨德森
肖志力　何　友　初军田　张良培　陆　军
陈小前　房建成　赵万生　赵凤起　郭志强
唐志共　梅文华　康　锐　韩祖南　魏炳波

# 前 言
## Preface

燃气轮机作为大中型水面战舰的主推进动力装置已成为全球各国海军的发展趋势,而采用变几何涡轮技术可以提高燃气轮机机组的加减速特性和低工况性能,显著提高舰船的机动性能等,例如美国海军与罗尔斯·罗伊斯公司等合作开发的大功率 WR-21 船用间冷回热燃气轮机就采用了变几何涡轮技术,这使其年燃油消耗量与简单循环 LM2500 相比约能降低 30%~40%,现已成为新一代舰船燃气轮机的象征。

变几何涡轮是燃气轮机的一项创新性技术,虽然采用变几何涡轮能满足对舰船燃气轮机提出的十分苛刻的性能要求,但其设计难度很大,采用变几何涡轮燃气轮机的成功与否取决于低工况气动效率水平、全负荷功率输出能力以及高温高压环境下可调导叶的精确控制、可维护性和可靠性。不过,目前燃气轮机核心技术仍被欧美少数国家垄断并严格封锁,使得我国无法通过技术引进来提升自身设计水平。

中国船舶集团有限公司第七〇三研究所和哈尔滨工程大学是国内最早从事船用燃气轮机设计技术研究的单位。本书作者所在团队自国家"十五"起就着手船用燃气轮机变几何涡轮设计技术的研究工作。遵循由易到难、由简单到复杂的原则,本团队逐步地对变几何涡轮流动机理及特性、气动设计方法、可调导叶调节设计方法、可调导叶系统结构设计技术和变几何涡轮气动特性及可靠性试验技术等开展了系统深入的研究。本书即是对这些研究成果的整理和归纳,期望为我国船用燃气轮机高性能变几何涡轮设计理论和工程设计技术的发展尽绵薄之力。

全书内容共分为 6 章。

第 1 章概述,介绍船用燃气轮机的应用、典型型号及工作特点,阐述变几何涡轮的工作原理、结构形式、典型型号应用及其气动结构设计特点与设计要求；第2章依次针对可调导叶、可调导叶级和多级变几何涡轮的内部复杂流动机理进行细致介绍，并讨论变几何涡轮的流量、功率及效率特性；第3章研究变几何涡轮低维度气动设计参数选取规律，分析适合变几何工作的涡轮叶型气动性能，着重讨论大子午扩张变几何涡轮叶片的三维气动设计方法；第4章分析可调导叶的端部结构及参数选取准则与规律，探讨了可调导叶端区损失控制新方法，在此基础上针对大子午扩张变几何涡轮提出基于台阶型球面端壁的大扩张角端壁可调导叶调节设计、大扩张角端壁可调导叶全三维调节设计两种调节设计理念和方法；第5章系统介绍变几何涡轮可调导叶系统的结构设计技术，包括可调导叶的详细结构设计和导叶转动操纵系统设计等；第6章从可调导叶平面叶栅气动性能、可调导叶扇形叶栅气动性能及过渡态特性、可调导叶涡轮级气动性能和整环可调导叶热环境结构验证四个方面介绍变几何涡轮气动特性及可靠性试验技术。

本书作者分别来自哈尔滨工程大学和中国船舶集团有限公司第七〇三研究所，第1章由哈尔滨工程大学高杰、中国船舶集团有限公司第七〇三研究所林枫、刘宇执笔，第2章由哈尔滨工程大学高杰执笔，第3章~第4章由哈尔滨工程大学高杰、郑群执笔，第5章~第6章由中国船舶集团有限公司第七〇三研究所林枫、梁晨、刘宇执笔，全书由高杰负责统稿。

本书作者多年来一直从事船用燃气轮机涡轮气动结构设计及试验技术方面的研究，在此期间，得到很多老师、领导与同行专家的关心、支持和帮助；本书部分内容得益于与同行专家的交流合作，并得到他们的大力支持，在此一并表示衷心的感谢。本书内容参考了作者所在学校一些已毕业同学的学位论文、所在研究所一些技术人员的科研工作或总结报告等，他们是冯永明、林奇燕、尹升奇、孙国志、景晓旭、李冬、周恩东、刘鹏飞、曹福堃、杜玉锋、孟福生、付维亮、白晟华、牛夕莹、王林等，学位论文和科研报告中出色的工作丰富了本书的内容。刘学峥、马国骏、杜玉锋、曹福堃等在资料收集整理、公式和图片处理以及文字编辑等方面做了大量工作，在此感谢他们的辛勤付出。

作者的研究工作得到了国防基础科研项目、海军预研项目、国家自然科学基金项目（51779051、51979052、51406039）、中央高校基本科研业务费专项资金项目、研究所委托项目等的大力资助，在此表示感谢。

本书的出版得到国防科技图书出版基金的资助，在此表示感谢。

本书可以使读者了解燃气轮机变几何涡轮气动、结构设计及试验方面的技术及进展,真正理解变几何涡轮设计技术的实质。本书可为动力工程及工程热物理、航空宇航推进理论与工程等专业的燃气轮机或航空发动机方向的研究人员和工程技术人员提供参考。

由于作者水平和时间有限,本书内容难免存在错误、疏漏和不足之处,敬请读者批评指正。

作者

2020 年 3 月

# 目 录 / CONTENTS

**第1章　绪论** ··········································································· 1

1.1　船用燃气轮机简介 ························································· 1
　1.1.1　舰用燃气轮机动力装置 ············································· 1
　1.1.2　典型船用燃气轮机介绍 ············································· 2
　1.1.3　船用燃气轮机工作特点 ············································· 5
1.2　船用燃气轮机变几何涡轮简介 ············································· 6
　1.2.1　涡轮变几何原理 ···················································· 6
　1.2.2　变几何涡轮的结构形式 ············································· 7
　1.2.3　不同类型涡轮变几何对燃气轮机性能的影响 ····················· 8
　1.2.4　典型船用变几何动力涡轮介绍 ····································· 9
1.3　变几何涡轮设计特点及要求 ··············································· 11
　1.3.1　变几何涡轮存在的问题 ············································ 11
　1.3.2　变几何涡轮气动及结构设计特点 ·································· 11
　1.3.3　对变几何涡轮设计的总体要求 ····································· 13
1.4　小结 ········································································· 13

**第2章　变几何涡轮流动机理及特性** ············································ 15

2.1　可调导叶端部部分间隙泄漏流动特性及损失机制 ······················ 15
　2.1.1　可调导叶部分间隙泄漏流场结构 ·································· 15
　2.1.2　可调导叶流场的多工况演化过程 ·································· 17

IX

2.1.3　部分间隙对可调导叶气动损失特性的影响 ……… 20
2.2　可调导叶级端区流动干涉机制及损失特性 ……… 23
　　2.2.1　三维流场结构及损失特性 ……… 23
　　2.2.2　非稳态流动干涉机制 ……… 26
2.3　多级变几何涡轮流场及其气动特性分析 ……… 32
　　2.3.1　多级变几何涡轮内部流场演化特性 ……… 32
　　2.3.2　导叶可调对涡轮各级气动参数的影响规律 ……… 36
　　2.3.3　导叶可调对涡轮各级总体参数的影响规律 ……… 38
2.4　变几何涡轮的流量、功率及效率特性 ……… 40
　　2.4.1　流量特性 ……… 40
　　2.4.2　功率特性 ……… 40
　　2.4.3　效率特性 ……… 41
　　2.4.4　通用特性 ……… 42
2.5　小结 ……… 44

# 第3章　变几何涡轮气动设计方法 ……… 45

3.1　变几何涡轮低维气动设计参数选取规律及优化 ……… 45
　　3.1.1　变几何涡轮气动特征 ……… 45
　　3.1.2　低维气动设计参数随导叶转动的变化规律 ……… 46
　　3.1.3　变几何涡轮低维气动设计参数优化 ……… 49
3.2　适合变几何工作的涡轮叶型气动性能研究 ……… 52
　　3.2.1　变几何涡轮叶片型线特点 ……… 53
　　3.2.2　载荷分布对涡轮端部泄漏流动的影响 ……… 56
　　3.2.3　涡轮叶型的变几何特性 ……… 60
3.3　大子午扩张变几何涡轮三维气动设计方法 ……… 63
　　3.3.1　常规涡轮三维压力可控涡设计 ……… 63
　　3.3.2　大子午扩张涡轮端区流动特点 ……… 75
　　3.3.3　大子午扩张变几何涡轮正交化设计 ……… 77
　　3.3.4　变几何涡轮反转设计方法探索 ……… 81
　　3.3.5　变几何涡轮精细化流动组织与设计探析 ……… 82
3.4　小结 ……… 83

# 第4章 变几何涡轮可调导叶调节设计方法 ………………………… 84

## 4.1 可调导叶端部结构及参数选取准则与规律 …………… 84
### 4.1.1 端部间隙位置转轴参数对涡轮性能的影响规律 ………………………………………… 84
### 4.1.2 柱面与球面端壁可调导叶端部间隙及性能特性 …………………………………………… 91

## 4.2 可调导叶端区损失控制新方法 ……………………… 102
### 4.2.1 可调导叶叶端凹槽/小翼技术 …………………… 102
### 4.2.2 大扩张角端壁可调导叶轴端修型技术 ………… 112
### 4.2.3 可调导叶叶端机匣处理技术 …………………… 118

## 4.3 基于台阶型球面端壁的大扩张角端壁可调导叶调节设计 ………………………………………………… 120
### 4.3.1 不同转角下可调导叶端部间隙弦向分布规律 …… 120
### 4.3.2 台阶型球面端壁造型方法的提出 ……………… 121
### 4.3.3 设计结果及分析 ………………………………… 123

## 4.4 大扩张角端壁可调导叶全三维调节设计概念的提出和验证 …………………………………………… 128
### 4.4.1 调节设计概念的提出 …………………………… 128
### 4.4.2 方案设计验证 …………………………………… 128
### 4.4.3 设计结果及分析 ………………………………… 130

## 4.5 变几何涡轮可调导叶转角调节方法与规律 ………… 134
### 4.5.1 简单循环燃气轮机 ……………………………… 135
### 4.5.2 复杂循环燃气轮机 ……………………………… 138

## 4.6 小结 …………………………………………………… 140

# 第5章 变几何涡轮可调导叶系统结构设计技术 ………………… 142

## 5.1 可调导叶系统总体结构方案设计 …………………… 142
## 5.2 可调导叶详细结构设计 ……………………………… 143
### 5.2.1 导叶两端间隙设计 ……………………………… 144

5.2.2　导叶转动轴承及密封设计 ·················· 145
　　　5.2.3　变几何涡轮机匣设计 ······················ 145
　　　5.2.4　可调导叶轴径与机匣孔的设计 ·············· 146
　　　5.2.5　可调导叶的材料特性 ······················ 148
　5.3　导叶转动操纵系统设计及动力学特性评估 ············ 148
　　　5.3.1　摇臂及其组件的设计 ······················ 148
　　　5.3.2　连动杆及其组件的设计 ···················· 149
　　　5.3.3　导叶转动机构设计构成及计算 ·············· 150
　　　5.3.4　可调导叶转动机构的动力学特性评估 ········ 151
　5.4　小结 ·········································· 151

# 第6章　变几何涡轮气动特性及可靠性试验技术 ············ 153

　6.1　可调导叶平面叶栅气动性能试验 ···················· 153
　　　6.1.1　试验装置及试验件 ························ 153
　　　6.1.2　试验测量方案 ···························· 154
　　　6.1.3　典型试验结果 ···························· 157
　6.2　可调导叶扇形叶栅气动性能及过渡态特性试验 ········ 159
　　　6.2.1　试验测量系统 ···························· 160
　　　6.2.2　可调扇形叶栅设计 ························ 161
　　　6.2.3　试验方法及过程 ·························· 165
　　　6.2.4　典型试验结果 ···························· 166
　6.3　可调导叶涡轮级气动性能试验 ······················ 168
　　　6.3.1　涡轮级试验装置及试验件 ·················· 168
　　　6.3.2　涡轮级性能试验测试 ······················ 171
　　　6.3.3　典型试验结果 ···························· 178
　6.4　整环可调导叶热环境结构验证试验 ·················· 179
　　　6.4.1　热环境试验装置及测试 ···················· 179
　　　6.4.2　试验步骤及方法 ·························· 185
　　　6.4.3　试验结果与分析 ·························· 186
　6.5　小结 ·········································· 189

参考文献 ············································ 190

# Contents

**Chapter 1 Introduction** ........................................................ 1
  **1.1 Introduction to the Marine Gas Turbine** ........................ 1
    1.1.1 Marine Gas Turbine Power Unit .................................. 1
    1.1.2 Typical Marine Gas Turbine Introduction ...................... 2
    1.1.3 Working Characteristics of Marine Gas Turbine .............. 5
  **1.2 Introduction to Variable Geometry Turbine for Marine Gas Turbine** ........................................................................ 6
    1.2.1 Turbine Variable Geometry Principle ........................... 6
    1.2.2 The Structure for Variable Geometry Turbine ................ 7
    1.2.3 Influence of Variable Geometry of Different Types of Turbines on Gas Turbine Performance ................................ 8
    1.2.4 Typical Marine Variable Geometry Turbine Introduction ...... 9
  **1.3 Variable Geometry Turbine Design Features and Requirements** ............................................................ 11
    1.3.1 Problems with Variable Geometry Turbines ................. 11
    1.3.2 Aerodynamic and Structural Design Features for Variable Geometry Turbine ........................................................ 11
    1.3.3 General Requirements for Variable Geometry Turbine Design ........................................................................ 13
  **1.4 Summary** ............................................................ 13

**Chapter 2 Flow Mechanisms and Characteristics for Variable Geometry Turbine** ................................................ 15
  **2.1 Variable Vane – end Part Clearance Leakage Flow Characteristics and Loss Mechanisms** ............................................... 15

  2.1.1 Variable Vane – end Part Clearance Leakage Flow Fields ⋯ 15
  2.1.2 Multi – working Conditions Evolution Process of Variable Vane Flow Fields ⋯ 17
  2.1.3 Effect of Part Clearance on Aerodynamic Loss Characteristics for Variable Vanes ⋯ 20
 2.2 **Flow Interaction Mechanism and Loss Characteristics under Variable Vane Turbine Stage Endwall Regions** ⋯ 23
  2.2.1 Three – dimensional Flow Field Structure and Loss Characteristics ⋯ 23
  2.2.2 Unsteady Flow Interaction Mechanisms ⋯ 26
 2.3 **Multistage Variable Geometry Turbine Flow Field and Aerodynamic Characteristics Analysis** ⋯ 32
  2.3.1 Multistage Variable Geometry Turbine Internal Flow Field Evolution Characteristics ⋯ 32
  2.3.2 Effect of Vane Turning on the Aerodynamic Parameters of Turbines ⋯ 36
  2.3.3 Effect of Vane Turning on the Overall Parameters of Turbines ⋯ 38
 2.4 **Flow, Power and Efficiency Characteristics for Variable Geometry Turbine** ⋯ 40
  2.4.1 Flow Characteristics ⋯ 40
  2.4.2 Power Characteristics ⋯ 40
  2.4.3 Efficiency Characteristics ⋯ 41
  2.4.4 General Characteristics ⋯ 42
 2.5 **Summary** ⋯ 44

**Chapter 3 Aerodynamic Design Method for Variable Geometry Turbine** ⋯ 45
 3.1 **Selection Rule and Optimization of Low – dimensional Aerodynamic Design Parameters for Variable Geometry Turbine** ⋯ 45

  3.1.1 Aerodynamic Characteristics for Variable Geometry Turbine ⋯ 45
  3.1.2 The Variation Law of Low – dimensional Aerodynamic Design Parameters with the Turning of Variable Vanes ⋯⋯⋯⋯⋯⋯ 46
  3.1.3 Optimization of Low – dimensional Aerodynamic Design Parameters for Variable Geometry Turbine ⋯⋯⋯⋯⋯⋯⋯⋯ 49

**3.2 Investigation on Aerodynamic Performance of the Turbine Blade Profile Suitable for Variable Geometry Operation** ⋯⋯⋯⋯⋯⋯⋯⋯ 52
  3.2.1 Variable Geometry Turbine Blade Profile Characteristics ⋯⋯⋯ 53
  3.2.2 Effect of Loading Distribution on Turbine Endwall Leakage Flow ⋯⋯⋯⋯⋯⋯⋯⋯⋯⋯⋯⋯⋯⋯⋯⋯⋯⋯⋯⋯⋯⋯⋯⋯⋯⋯ 56
  3.2.3 Variable Geometry Characteristics for Turbine Blade Profiles ⋯⋯⋯⋯⋯⋯⋯⋯⋯⋯⋯⋯⋯⋯⋯⋯⋯⋯⋯⋯⋯⋯⋯⋯⋯⋯⋯⋯ 60

**3.3 Three – dimensional Aerodynamic Design Method for High Endwall Angle Variable Geometry Turbine** ⋯⋯⋯⋯⋯⋯⋯⋯⋯⋯⋯⋯⋯⋯⋯⋯ 63
  3.3.1 Three – dimensional Pressure Controlled Vortex Design for Conventional Turbine ⋯⋯⋯⋯⋯⋯⋯⋯⋯⋯⋯⋯⋯⋯⋯⋯⋯⋯⋯ 63
  3.3.2 Endwall Flow Characteristics for High Endwall Angle Turbine ⋯⋯⋯⋯⋯⋯⋯⋯⋯⋯⋯⋯⋯⋯⋯⋯⋯⋯⋯⋯⋯⋯⋯⋯⋯⋯⋯ 75
  3.3.3 Orthogonal Design for High Endwall Angle Turbine ⋯⋯⋯⋯⋯ 77
  3.3.4 Exploration of Reversing Design Method for Variable Geometry Turbine ⋯⋯⋯⋯⋯⋯⋯⋯⋯⋯⋯⋯⋯⋯⋯⋯⋯⋯⋯⋯⋯⋯⋯⋯⋯⋯ 81
  3.3.5 Analysis of Refined Flow Organization and Design for Variable Geometry Turbine ⋯⋯⋯⋯⋯⋯⋯⋯⋯⋯⋯⋯⋯⋯⋯⋯⋯⋯⋯⋯ 82

**3.4 Summary** ⋯⋯⋯⋯⋯⋯⋯⋯⋯⋯⋯⋯⋯⋯⋯⋯⋯⋯⋯⋯⋯⋯⋯⋯⋯⋯⋯⋯ 83

**Chapter 4 Variable Vane Turning Design Method for Variable Geometry Turbine** ⋯⋯⋯⋯⋯⋯⋯⋯⋯⋯⋯⋯⋯⋯⋯⋯⋯⋯⋯⋯ 84
**4.1 Selection Criteria and Rule of Variable Vane Endwall Structure and its Parameters** ⋯⋯⋯⋯⋯⋯⋯⋯⋯⋯⋯⋯⋯⋯⋯⋯⋯⋯⋯⋯⋯⋯⋯ 84
  4.1.1 Effect of Parameters of the Turning Shaft near Turbine Endwall Clearance Region on Turbine Performance ⋯⋯⋯⋯⋯⋯⋯⋯⋯ 84

4.1.2　Clearance & Performance Characteristics for Cylindrical and Spherical Endwall Variable Vanes …… 91
4.2　**Investigation on a New Method for Controlling Variable Vane Endwall Losses** …… 102
　　　4.2.1　Variable Vane-end Slotting/Winglet Technology …… 102
　　　4.2.2　Variable Vane-end Modification Technology for High Endwall Angle Turbine …… 112
　　　4.2.3　Variable Vane-end Casing Treatment Technology …… 118
4.3　**High Endwall Angle Variable Vane Turning Design based on Stepped Spherical Endwall** …… 120
　　　4.3.1　Variable Vane-end Clearance Chordwise Distribution at different Vane Turning Angles …… 120
　　　4.3.2　Proposal of Stepped Spherical Endwall Modeling Method … 121
　　　4.3.3　Design Results and Analysis …… 123
4.4　**Proposal and Validation of Full Three-dimensional Turning Design Concept for High Endwall Angle Variable Vane** …… 128
　　　4.4.1　Proposal of Vane Turning Design Concept …… 128
　　　4.4.2　Scheme Design Validation …… 128
　　　4.4.3　Design Results and Analysis …… 130
4.5　**Variable Vane Turning Angle Adjustment Method and Law for Variable Geometry Turbine** …… 134
　　　4.5.1　Simple Cycle Gas Turbine …… 135
　　　4.5.2　Complex Cycle Gas Turbine …… 138
4.6　**Summary** …… 140

# Chapter 5　Structural Design Technology of Variable Vane System for Variable Geometry Turbine …… 142

5.1　**Design of Overall Structural Scheme of Variable Vane System** …… 142
5.2　**Detailed Structural Design of Variable Vane System** …… 143
　　　5.2.1　Design of Variable Vane-end Gap Clearances …… 144

|     | 5.2.2 | Design of Variable Vane Rotating Bearing and Seal ......... 145 |
| --- | --- | --- |
|     | 5.2.3 | Variable Geometry Turbine Casing Design .................... 145 |
|     | 5.2.4 | Design of Variable Vane Shaft and Casing Hole ............. 146 |
|     | 5.2.5 | Variable Vane Material Properties .............................. 148 |
| 5.3 | **Design and Dynamic Characteristics Evaluation of Variable Vane Turning Control System** .................... 148 | |
|     | 5.3.1 | Design of Rocker Arm and Its Components ................... 148 |
|     | 5.3.2 | Design of Linkage Rods and Their Components ............. 149 |
|     | 5.3.3 | Design and Calculation of Variable Vane Turning Mechanism .................... 150 |
|     | 5.3.4 | Evaluation of Dynamic Characteristics of Variable Vane Turning Mechanism .................... 151 |
| 5.4 | **Summary** .................... 151 | |

## Chapter 6  Aerodynamic Characteristics and Reliability Test Technology for Variable Geometry Turbine ......... 153

| 6.1 | **Aerodynamic Performance Test of Variable Vane Linear Cascade** .................... 153 | |
| --- | --- | --- |
|     | 6.1.1 | Experimental Device and Test .................... 153 |
|     | 6.1.2 | Test Measurement Plan .................... 154 |
|     | 6.1.3 | Typical Experimental Results .................... 157 |
| 6.2 | **Aerodynamic Performance and Transient Characteristics Test of Variable Vane Sector Cascade** .................... 159 | |
|     | 6.2.1 | Test and Measurement System .................... 160 |
|     | 6.2.2 | Variable Vane Sector Cascade Design .................... 161 |
|     | 6.2.3 | Test Methods and Processes .................... 165 |
|     | 6.2.4 | Typical Experimental Results .................... 166 |
| 6.3 | **Aerodynamic Performance Test of Variable Vane Turbine Stage** .................... 168 | |
|     | 6.3.1 | Turbine Stage Test Device and Test Piece .................... 168 |
|     | 6.3.2 | Turbine Stage Performance Test .................... 171 |

    6.3.3 Typical Experimental Results …………………………… 178
**6.4 Thermal Environment Structure Validation Test for Full – loop Variable Vane** ………………………………………………… 179
    6.4.1 Thermal Environment Experimental Device and Test ……… 179
    6.4.2 Test Steps and Methods ……………………………………… 185
    6.4.3 Test Results and Analysis …………………………………… 186
**6.5 Summary** …………………………………………………………… 189

**References** ………………………………………………………………… 190

# 第1章 绪 论

## 1.1 船用燃气轮机简介

### 1.1.1 舰用燃气轮机动力装置

燃气轮机是继蒸汽轮机和柴油机之后的新一代舰用动力装置,其用于舰艇最突出的优点首先是重量轻,远轻于同功率的高速柴油机;其次是单位体积功率大,在同样空间内可提供更大功率,使舰艇达到更高航速;再次是燃气轮机具备起动快、振动小、可燃用多种液体燃料、可靠性高、机动性能良好等一系列优点,非常适合用作舰艇动力设备。基于其自身的这一系列优点,舰船动力装置使用方式已从早期的蒸汽轮机与燃气轮机共同使用(COSAG)发展到目前的柴油机与燃气轮机交替使用(CODOG,图1-1)(柴油机作为巡航动力,燃气轮机作为加速动力)、燃气轮机与燃气轮机交替使用(COGOG)等。目前,大中型水面舰船动力装置燃气轮机化趋势已日益明显,其应用已成为海军现代化的重要标志之一。

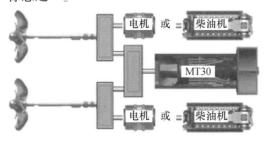

图1-1 MT30燃气轮机在军舰上的应用情况

燃气轮机动力装置也存在一些缺点：第一，燃气轮机动力主机不可反转，必须为其专门设置倒车机构或使用调距桨，近年来也尝试采用可倒车燃气轮机技术实现直接倒车；第二，舰船燃气轮机动力装置在其寿命期90%以上的时间都在部分负荷工况下运行，由于非设计点运行时热力参数的改变，导致其部分负荷工况下耗油率急剧升高、效率较低等。因此，为有效解决舰船战时对高动力性的要求和巡航工况下对高经济性的要求两大矛盾，大中型水面舰艇通常会优先采用燃气轮机作为加力机组联合动力装置，而不采用单一机型动力装置。

总体而言，燃气轮机目前已被确认为综合性能最优越的舰用动力装置，在排水量数千吨以上的军舰中，燃气轮机将具有良好的发展趋势，并保持现有在舰用动力装置中的优势地位。当前世界各国的大中型水面舰艇中约有3/4的舰船采用了燃气轮机动力装置。综合各国燃气轮机的装舰情况来看，其使用方式有着明显的不同：美国以LM2500燃气轮机为基本型，采用燃气轮机与燃气轮机联合使用（COGAG）方式；英国当前舰船用动力装置多采用COGOG方式；德国、法国、日本等国由于本国柴油机技术基础厚，多采用CODOG形式。目前，中国海军的水面舰船动力装置大多数仍以中高速柴油机为主，只有较少数量的水面舰船采用燃气轮机。随着我国海军走向远海，今后还需要相当数量的以燃气轮机为动力的续航力大、机动性能好的现代化水面舰船。

### 1.1.2 典型船用燃气轮机介绍

由于研制和制造船用燃气轮机的难度大，世界上真正能设计、生产的厂商为数极少，主要有美国通用电气公司（GE公司，产品有LM1600、LM2500系列等）、英国罗尔斯·罗伊斯公司（产品有WR-21、MT30等）和乌克兰曙光公司（产品有GT25000等）。美、英等国有着非常先进的航空发动机研制体系，其船用燃气轮机的发展以航改燃气轮机为主，而乌克兰主要采用船用燃气轮机专用化设计的技术途径。中国的专用化设计和航改型船用燃气轮机也已开始步入快速发展的黄金时期。

**1. GT25000燃气轮机**

GT25000燃气轮机是乌克兰曙光公司新一代船用/工业用分轴型燃气轮机。燃气发生器为高低压两轴结构：低压轴流压气机为9级，由1级低压涡轮驱动；高压轴流压气机亦为9级，由1级高压涡轮驱动。燃烧室为环管型逆流式，有16个火焰筒、16个喷油嘴和2个点火器。动力涡轮是4级反动式轴流涡轮，驱动输出轴。该燃气轮机可用于天然气增压站、机械驱动、电站及舰船主动力等,是目前我国海军首选的大中型舰船燃气轮机动力来源。

### 2. LM2500 燃气轮机

LM2500 燃气轮机是美国 GE 公司发展得最为成功的一款船用燃气轮机,由 TF39/CF6-6 航空涡扇发动机改型而来,其保留了原航空发动机的核心机,去除了低压风扇,同时将原低压涡轮改为动力涡轮。这种改动方式最大程度地继承了该航空发动机系列已积累的上千万运行小时的工作可靠性,使得 LM2500 燃气轮机在较短时间内就建立起良好的国际信誉。

LM2500 船用燃气轮机从 1967 年开始研制,1970 年第一台生产型 LM2500 开始运转并投入试用,其输出功率为 16.54MW,效率为 36%。此后 40 多年的时间里,LM2500 船用燃气轮机进行了系列化改进完善(图 1-2),通过低压压气机前加零级,高压涡轮采用新材料和新的冷却结构以及重新气动设计各叶片叶型等先进技术手段,发展出了多个典型型号,且派生了 LM2500+、LM2500+G4 等性能提高型船用燃气轮机,形成了系列化的燃气轮机动力发展型谱。

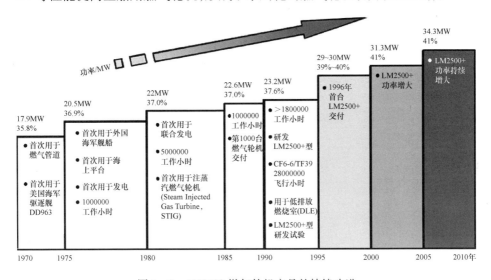

图 1-2 LM2500 燃气轮机产品的持续改进

### 3. WR-21 燃气轮机

WR-21 燃气轮机是以英国罗尔斯·罗伊斯公司的 RB211 和遄达航空发动机为基础,将间冷回热技术引入到简单循环发动机中发展而来的。更为具体地,WR-21 燃气轮机的低压压气机、高压压气机和低压涡轮改型于 RB211-535E 发动机,高压涡轮来自于 RB211-524G/H 发动机,动力涡轮取自于遄达发动机的低压涡轮(其中增加了可变面积的导叶),而燃烧室则改自斯贝舰用燃气轮机和 Tay 航空发动机。

在典型的美国海军舰船运行模式下,由于其采用了间冷回热循环和变几何动力涡轮技术,不仅在额定工况下具有 42% 的高效率,而且在 1/3 额定负荷下仍有接近额定值的效率(约为 41.16%),接近中高速柴油机的水平,特别适合舰船的要求。总体上,WR-21 燃气轮机的全工况范围性能优良,并且高效紧凑的回热器使其具有了较低的排气噪声和红外特征,号称新一代舰船燃气轮机的象征。

WR-21 燃气轮机现已安装于英国 45 型驱逐舰和"伊丽莎白女皇"航母的综合电力推进系统中。虽然在 WR-21 研制过程中曾得到众多国家海军的追捧,但当 WR-21 正式面世时因其结构复杂、可靠性存疑等原因并没有得到预期的热烈响应,并且近年来 45 型驱逐舰的运行表现也证实了这一点。

### 4. MT30 燃气轮机

MT30 燃气轮机(图 1-3)是英国罗尔斯·罗伊斯公司由遄达 800 航空涡扇发动机改进而来的三轴舰船用简单循环燃气轮机,其有 1 个 8 级可变几何的低压压气机,6 级高压压气机,4 级动力涡轮,额定功率可达 36MW,热效率可达 39.8%。

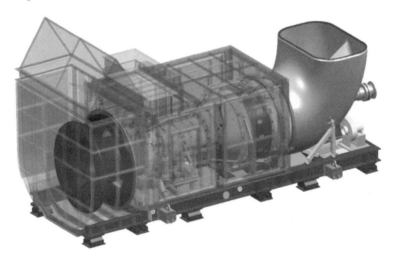

图 1-3  MT30 燃气轮机紧凑箱装体结构

为保证高的可靠性、效率和维护性,在 MT30 燃气轮机的设计中,除增添必要的舰船化涂层以适应盐雾环境和高硫含量的燃料外,还最大程度地保留了原航空发动机的部件(遄达 800 发动机 80% 的通用件),其热端部件设计大修间隔为 12000h,整机寿命为 24000h。

MT30 船用燃气轮机于 2000 年 6 月开始研制,2002 年进行样机试验,2012 年首装 DDG-1000 的驱逐舰服役,2013 年安装在英国海军"伊丽莎白女王"级航空母舰上进行试验。由于其具有的优良特点,MT30 船用燃气轮机已装备美国海军的战舰,也以发电模块方式联合 WR-21 共同构成英国新航母的综合电力推进系统,并被业界公认为当今世界最先进的大功率船用燃气轮机。

## 1.1.3 船用燃气轮机工作特点

船用燃气轮机的工作环境和工作特性与航空发动机有很大不同,现代先进船用燃气轮机的研制必须满足舰船动力的军事需要和海洋工作环境的特殊要求,不能简单地复制航空涡扇/涡喷发动机和工业重型燃气轮机的设计方法、设计规范和设计经验。其主要工作特点如下。

(1)高盐、高湿使得船用燃气轮机的工作环境更加恶劣,也对船用燃气轮机的设计提出更高的要求。

(2)航空发动机仅在飞机着陆时承受冲击载荷和机动载荷(一般小于 $10g$),而船用燃气轮机则要经受水下爆炸引起的巨大冲击(经减振后也大于 $15g$)。

(3)航空发动机的工况变化范围低于船用燃气轮机的 0~100% 工况变化范围,且船用燃气轮机在 90% 以上的寿命期内处于低工况下工作,同时由于舰船战时机动性要求,还导致其工况变化频繁,大范围变工况使其对于工作特性变化非常敏感。

(4)航空发动机全负荷工况工作时间一般每次只有 10min 左右,而船用燃气轮机全负荷工况持续运行时间一般要求不小于 12h,长时间高负荷运行使得船用燃气轮机对工作稳定性要求更高。

(5)现代先进船用燃气轮机通常采用间冷回热等先进复杂循环方式,间冷器和回热器会产生较大的气动和热力惯性,对于部件的设计要求更高。

(6)船用燃气轮机通常燃烧柴油,与优质航空煤油相比,柴油的燃烧组织能力比较差,燃烧室出口温度分布不均匀度增强,容易形成热斑,而且柴油所含杂质多,燃烧形成的微小颗粒具有腐蚀性,在涡轮叶片表面沉积黏结形成的积灰,还会使局部区域冷却失效,发生烧蚀,这都将对涡轮冷却和热防护结构的工作稳定性产生很大影响。

(7) 船用燃气轮机在海平面大气特征下工作,海平面高度下空气密度大、压强高、气动负荷大,要求有更长的翻修寿命。

(8) 船用燃气轮机一般为轴流式、紧凑箱装体结构,压气机进口通过进气蜗壳径向进气,动力涡轮通过排气蜗壳径向排气,气流方向的大转角改变对压气机和涡轮的气动与结构设计提出了特殊的要求。

由此可见,船用燃气轮机的工作条件非常恶劣,这也使得船用燃气轮机的设计异常复杂。因此,需在满足舰船这些工作条件下来研制和生产船用燃气轮机,从而使舰船达到良好的技战术性能。

## 1.2　船用燃气轮机变几何涡轮简介

### 1.2.1　涡轮变几何原理

船用燃气轮机的全工况工作特性使得如何采取有效的技术途径来提高其部分负荷性能成为舰船动力燃气轮机技术的研究重点。为了提高船用燃气轮机低工况运行时的高效率和稳定性以及快速机动性,采用变几何涡轮技术,成为重要的考虑措施之一,其主要原因就是在部分负荷工况下,只需关小可调导叶,使得导叶喉部面积减小,进而降低涡轮的通流能力和流量,从而在不降低或者略有降低涡轮进口燃气温度的条件下降低涡轮输出功率,而此时由于燃气轮机燃气初温仍然很高,因此燃气轮机效率可以保持在较高水平,经济性要高于定几何燃气轮机。

总体上,变几何涡轮主要有以下优点:①可以改善部分负荷的经济性;②可以改变涡轮的通流能力,扩大选择燃气发生器工作点的自由度,保证机组在所有工作状态下有足够的喘振裕度;③可以改善机组的加速性(图1-4),这对于战时动力要求极为重要;④可以改善机组的起动特性。此外,它还具有提高机组的制动能力等优点。最近,丹麦技术大学 Haglind 的研究指出:变几何涡轮技术也可以明显提高船舶联合循环的部分负荷性能。

总体上,采用变几何涡轮技术可以有效控制涡轮流量变化,进而调节和优化船用燃气轮机各部件之间的匹配关系,有效提高整个机组的加减速特性和低工况性能。如图1-5所示,在低工况下,一般关小可调导叶以减少燃气流量和输出功率,而在起动和加速工况,开大可调导叶以增大喘振裕度和输出功率。

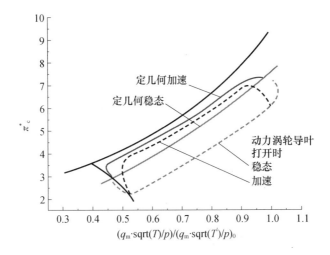

图1-4 采用变几何涡轮的燃气轮机加速特性

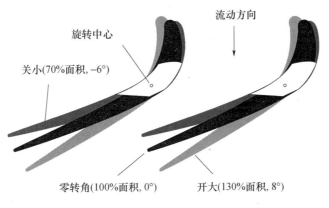

图1-5 导叶转角变化示意图

## 1.2.2 变几何涡轮的结构形式

变几何涡轮的结构形式多样,其最终目的都是通过改变导叶喉部面积,控制涡轮流量。西方先进国家早在20世纪五六十年代就已开展燃气轮机变几何涡轮技术可行性的理论研究和试验验证研究,并逐步确定了采用导叶安装角可调的变几何涡轮技术方案,如图1-6所示。改变导叶安装角需要相应的调节机构,可调导叶机构往往要求转动灵活、可靠,能够保证在转动过程中的精度。在不同的机组上导叶转动机构形式多样,布置方式不尽相同,图1-6给出了一种基本的可调导叶转动机构图,导叶顶部旋转轴由导叶端部延伸出顶部机匣表面,与导叶传动带相连,通过控制传动带的周向移动,从而达到控制导叶转动继而调节涡轮和燃气轮机特性的目的。导叶转动的角度变化可以在导叶传动带的转角刻度尺上显示,可实现精确控制。

图1-6 变几何涡轮可调导叶及其调节结构

随着变几何涡轮技术的不断进步和发展,涡轮气动调节技术也越来越引起航空发动机研究者的关注,其通过在叶片压力面尾缘附近喷射可控的气流,可以使主流发生偏转,改变涡轮叶片通道内流场的折转角与流量,最终改变涡轮的工作状态。罗尔斯·罗伊斯公司是最早尝试采用气动调节方法来改变涡轮流量的,他们在涡轮端壁引入二次射流,并改变二次射流的入射位置,试验表明该方法可实现流量的有效调节,但限于当时的研究手段,气动调节导致效率大幅度下降。总体上,气动调节的结构相比几何调节来说比较简单,喷气可以利用航空发动机涡轮导叶内部原有的冷却结构和空气系统,因而不需要对涡轮的现有结构进行很大的改动,不会对发动机的推重比和寿命产生影响。但是气动调节方法要受到喷气孔进口总压与涡轮叶片进口总压比、喷气相对流量和涡轮效率等因素的限制。因此,在现有的技术水平下,虽然其可以在航空发动机的低压涡轮上应用,但却很难应用到船用燃气轮机上。

### 1.2.3 不同类型涡轮变几何对燃气轮机性能的影响

现代中档功率船用燃气轮机一般为三轴结构,其涡轮部件包括高压涡轮、低压涡轮和动力涡轮,而不同类型涡轮变几何对燃气轮机性能特性的影响是不一样的。邱超和宋华芬的理论简化计算指出:在简单循环机组中,无论是高压涡轮、低压涡轮还是动力涡轮变几何,对燃气轮机动力系统经济性的影响都不大,但会影响压气机平衡运行线,其中低压涡轮变几何对低压压气机平衡运行线的影响较大,高压涡轮和低压涡轮变几何对高压压气机平衡运行线的影响较大,而动力涡轮变几何对低压压气机的平衡运行线有一定的影响,但对高压压气机平衡运行线的影响不大。

由于涡轮是热端部件,其几何结构的变化往往存在许多技术困难,比如它的变几何技术对材料及加工制造的要求很高,因而将增加整个燃气轮机动力机组的成本及复杂性,并且蕴含着机组安全性降低的后果,基于此,目前船用燃气轮机主要采用变几何动力涡轮技术。

### 1.2.4 典型船用变几何动力涡轮介绍

#### 1. LM1600 变几何动力涡轮

LM1600 变几何动力涡轮结构如图 1-7 所示,其为 2 级轴流式通流,设计转速为 7900r/min,进气温度为 743℃。动力涡轮的固定结构部分包括过渡段机匣、涡轮机匣和排气段机匣。第 1 级导向叶片的安装角通过电子调节系统来调节,可提高舰船燃气轮机的机动性。第 2 级导向叶片内径上隔板的设计是独特的,设计成两个 180°的螺栓连接的等分件,并用 3 个滑动凸缘在导向器内径上定位。因此,隔板与转子之间的间隔仅取决于它的温度和转子的径向伸长,其结果是缩小了它与转子的工作间隔,从而在其内径上通过篦齿密封减少泄漏,这有利于提高涡轮效率。

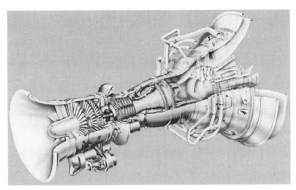
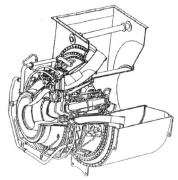

图 1-7 LM1600 燃气轮机及其动力涡轮结构

#### 2. GT25000 改进型变几何动力涡轮

该变几何动力涡轮是 4 级反动式轴流涡轮,把从燃气发生器排出的燃气能量转化成机械能,通过减速器驱动负载输出,由动力涡轮大子午扩张机匣、内导流罩、导向叶片、动力涡轮转子和动力涡轮支撑环等组成,其特征为等内径通流、悬臂式结构,如图1-8所示,设计转速为3270r/min,转角范围为-6°~+8°。

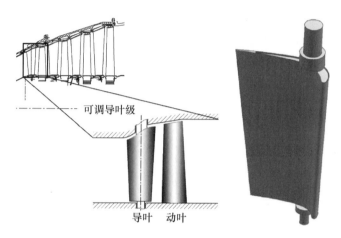

图1-8 GT25000改进型动力涡轮及可调导叶结构

### 3. WR-21变几何动力涡轮

该变几何动力涡轮是以英国罗尔斯·罗伊斯公司遄达700和遄达800为基础新设计的5级带冠涡轮,如图1-9所示。第1级有可调进口导向叶片,进口温度为852℃,第2级~第5级与遄达系列非常相似,设计转速为3600r/min。该可调导向叶片借助一个环形齿轮结构,并用滑油液压作动,以确保所有可调导向叶片的喉部面积相同。每个可调导向叶片可以单独拆卸。可调导向叶片在40%或低于40%功率下关到最小,在100%功率或在高于100%功率时打开

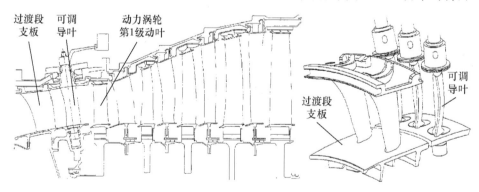

图1-9 WR-21动力涡轮子午轮廓及可调导叶结构

到最大。第1级在40%功率下以冲动式涡轮工作,在100%功率下以反动式涡轮工作。动力涡轮的设计点选择在67%功率下,以使低输出功率下的燃油效率和全功率要求同时兼顾。

## 1.3 变几何涡轮设计特点及要求

### 1.3.1 变几何涡轮存在的问题

变几何涡轮是燃气轮机的一项创新性技术,是一种有效提高燃气轮机加减速特性和低工况性能的技术手段。变几何涡轮的采用,固然能满足对船用燃气轮机提出的十分苛刻的性能要求,但为了实现变几何涡轮可调导叶自由转动,必须在可调导叶端部留有一定间隙并安装旋转轴,这样就会引起导叶端区的附加损失,尽管在气动和结构设计时想尽办法减少变几何带来的附加损失,但变几何涡轮自身的设计工况点效率总是低于定几何涡轮,且效率降低2%左右。NASA刘易斯研究中心Moffitt等早期针对可调导叶转角变化±30%对单级旋转涡轮影响的试验研究进一步指出:可调导叶开大时效率降低量为1.5%,关小时效率降低量高达5.5%。近来,哈尔滨工程大学冯永明等对现代船用燃气轮机变几何涡轮流场的计算分析也指出:可调导叶关小使整个变几何涡轮的效率显著下降了1%~5%。可见,可调导叶无论开大或关小,涡轮效率皆有明显降低,这部分抵消了涡轮变几何带来的燃气轮机循环收益。此外,变几何的采用也导致了燃气轮机结构及调节更为复杂、燃气轮机安全性降低等问题,例如,变几何产生的快速节流往往会引起气流振荡的危险,又如涡轮叶片的变几何会使叶片共振范围扩大等。此外,变几何的采用也增加了机组调控系统的复杂性。

### 1.3.2 变几何涡轮气动及结构设计特点

变几何涡轮的低工况气动效率、全负荷功率输出能力以及高温高压环境下可调导叶的精确控制、可维护性和可靠性是采用变几何涡轮的船用燃气轮机成功的关键。因此变几何涡轮的工程设计具有以下两方面的特点。

(1)变几何涡轮在叶片气动设计时,除了要满足常规叶片造型的各种要求外,还必须考虑导叶转动对导叶、动叶带来的特殊影响因素,以使变几何涡轮在较宽广的工作状态范围(比如30%工况~100%工况)里保持良好的气动性能。

①涡轮设计工况点及设计参数选择:对于WR-21船用燃气轮机,其动力

涡轮设计点选在 67% 的负荷下，以优化低工况效率，并满足全负荷要求，这为变几何涡轮设计工况点的选择提供了现实参考；并且为了提高变几何涡轮全工况性能，涡轮初始设计参数也需细致考虑，比如级焓降分配、反动度等。

②可调导叶端部间隙设计：现代船用燃气轮机动力涡轮一般为大子午扩张机匣设计，共有球面端壁和常规柱面端壁两种间隙设计形式可供选择。对于球面端壁，需考虑球面端壁部分如何更好地融入大子午扩张机匣中；而对于柱面端壁，需考虑叶端前部和尾部处间隙形态及其大小改变带来的复杂非定常泄漏流问题，可考虑凹槽、小翼等叶顶间隙控制方法。

③叶型冲角的选择：可调导叶转动对导叶和动叶的冲角都会带来影响，一般对导叶影响相对较小，而对动叶影响较大，因此在叶型设计时，一方面要考虑设计状态的冲角较佳，另一方面还要兼顾非设计状态的冲角要合适，可将设计冲角取为负值，以减弱可调导叶关小时较大正冲角带来的负面影响。

④叶型几何及端壁参数的选择：考虑到导叶转动带来的叶片冲角的影响，叶型负荷一般可采用后加载分布形式。此外，叶型前缘半径可选较大值，以减弱叶型对冲角变化的敏感性；对于可调导叶转动引起下游动叶片前缘分离区问题，也可探讨基于非定常效应的轮毂端壁造型以减弱动叶片前缘分离。

(2) 变几何涡轮在导叶转动机构机械设计时，除了要满足可调导叶灵活可靠平稳转动且能精确定位至特定位置的要求外，还必须考虑导叶流场特性对导叶转动机构设计的影响，以使导叶转动机构可在恶劣环境下完全可靠地工作。

①导叶转动机构及密封形式：一般地，变几何涡轮进口前燃气温度超过 1000K，变几何涡轮部件在高温高压下要产生变形，导致高温燃气泄漏、导叶转动机构受阻、导叶无法精确定位等问题。为了保证在所有工作工况下旋转机构都能可靠地工作，必须成功地解决温差和热膨胀问题。在机构设计中，如果把转动环和导叶的转动杠杆之间直接联动的话，那就需要较大的转动力矩，并会造成具体操纵上的困难，使位置精度难以保证，因此需对导叶转动机构进行细致设计。另外，为了有效地控制叶端径向间隙，在一些涡轮设计中采用了冷却措施，比如 WR-21 的变几何涡轮等。

②转轴位置的选择：在可调导叶设计时，导叶旋转轴应该位于导叶片上压力作用点位置的上游，以便导叶转动执行机构失去控制时，气动力趋于转动导叶片到更为打开的位置，这导致了降低的燃气轮机温度和负荷，而不是反向过程；并且转轴应该位于导叶尾缘附近，这样当导叶转动时，导叶尾缘的摆动量小，同时可使得导叶与动叶之间的轴向间距变化较小，以削弱可调导叶引起的

气流振荡。

### 1.3.3 对变几何涡轮设计的总体要求

正如1.2.3节所述,目前船用燃气轮机主要采用变几何动力涡轮技术,因此船用燃气轮机变几何涡轮的工程设计不仅要满足1.3.2节所述的基于变几何可靠工作的设计要求,还应满足船用燃气轮机对动力涡轮的一般设计要求。主要有以下几点要求。

**1. 高效率**

在气动性能设计中,动力涡轮的设计与燃气发生器涡轮的设计没有本质的区别,设计体系可以共用。不同的是动力涡轮一般都是多级,级负荷较低,叶片也不需要冷却,因此气动效率可以设计得更高,这也是设计人员不懈努力的方向,轮周效率通常在0.9~0.93。

**2. 长寿命**

由于船用燃气轮机的燃气发生器采用"整体吊装"和"以换代修"的维修、使用方式,动力涡轮则由于工作温度、压力降低,通常设计成长寿命的,一般要求为具有10万小时以上的寿命。这样,动力涡轮可长期连续使用,有利于采用更换燃气发生器的检修方式,使燃气轮机动力装置达到很高的利用率。

**3. 通用性**

基于动力涡轮的长寿命设计要求,在动力涡轮设计中也希望其有一定的通用性,即适于配装多种燃气发生器及多种用途,以求降低成本。

**4. 高可靠性**

动力涡轮一般通过减速齿轮箱与船舶轴系和螺旋桨连接,总速比一般在10左右或更大。在海洋环境和作战条件下,风浪和水下爆炸对动力涡轮结构的可靠性提出了特殊要求。因此,在结构设计中,要攻克因工作应力、温差、材料、使用环境等因素引起的结构强度、抗氧化、耐腐蚀、长寿命、轴向力的平衡设计等难题。

## 1.4 小结

本章主要从船用燃气轮机简介、船用燃气轮机变几何涡轮简介和变几何涡轮设计特点及要求等方面进行了概述。

大中型水面舰船动力装置燃气轮机化趋势已日益明显,其应用已成为海军现代化的重要标志之一。现代先进船用燃气轮机的研制必须满足舰船动力的军事需要和海洋工作环境的特殊要求。

变几何涡轮是燃气轮机的一项创新性技术，是一种有效提高船用燃气轮机加减速特性和低工况性能的技术手段，也可以明显提高船舶联合循环的部分负荷性能，目前主要采用导叶安装角可调的变几何动力涡轮技术方案。

变几何涡轮的气动和结构设计难度很大，其低工况气动效率、全负荷功率输出能力以及高温高压环境下可调导叶的精确控制、可维护性和可靠性是采用变几何涡轮的船用燃气轮机成功的关键。

# 第2章 变几何涡轮流动机理及特性

## 2.1 可调导叶端部部分间隙泄漏流动特性及损失机制

### 2.1.1 可调导叶部分间隙泄漏流场结构

可调导叶的端部结构决定了部分间隙的存在以及所引起的间隙泄漏流动。图2-1和图2-2给出了典型的可调导叶结构及其近顶部叶型静压系数分布。由图2-2可见,近叶顶负荷分布趋向于"后部加载"分布,而旋转轴正好位于最大负荷位置附近,从而有效阻塞了导叶端部间隙泄漏流动。

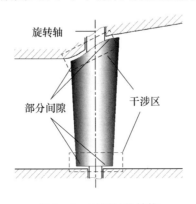

图2-1 可调导叶结构

部分间隙的存在在引起间隙泄漏的同时也造成了泄漏涡与通道涡的干扰,进而改变了导叶端区的流场结构及损失分布。可调导叶顶部间隙泄漏流线分布如图2-3所示,间隙泄漏流动被旋转轴分割为两部分,两部分泄漏流动皆经历凹槽结构的阻塞作用,从而降低了间隙泄漏流量。随着叶顶间隙泄漏流动向

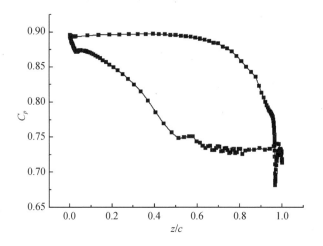

图 2-2　可调导叶近顶部叶型静压系数分布

下游发展,旋转轴前侧泄漏流动并没有卷起形成泄漏涡,而是被通道涡卷吸,成为通道涡的一部分。此外,泄漏涡涡核主要是由旋转轴后侧靠近叶片顶部的泄漏流线组成,其他的间隙泄漏流体则环绕泄漏涡涡核形成端部泄漏涡。

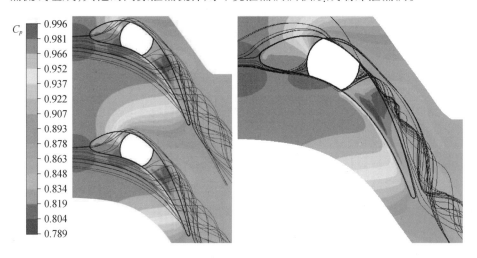

图 2-3　可调导叶顶部间隙泄漏流线及静压系数分布(见彩图)

以上分析也可以从图 2-4 可调导叶顶部间隙泄漏损失发展中得到证实。由图 2-4 可见,在旋转轴前侧,近间隙吸力侧损失强度比较小,但尺度较大,这主要是由提前形成的通道涡所引起。此时,间隙泄漏涡比较弱,在图 2-4 中基本上看不到。随着流动向下游发展,在旋转轴后侧,部分主流流体在较大的横向压差驱动下形成间隙泄漏涡,并随着流动向下游发展而变强,泄漏涡引起的损失强度比较大,不过尺度较小。在可调导叶根部也经历着相同的间隙泄漏涡形成过程,此处不再赘述。

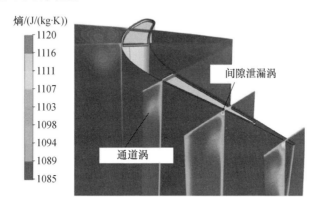

图2-4 可调导叶顶部间隙泄漏损失发展(见彩图)

## 2.1.2 可调导叶流场的多工况演化过程

变几何涡轮可调导叶转动改变了导叶喉部面积,造成了变几何涡轮各叶片列处于非设计工况下运行。图2-5给出了不同转角下可调导叶中间叶高叶型静压系数分布。在零转角下,导叶最低压力点在轴向弦长75%位置左右,导叶属于"后加载"叶型。随着导叶的关小,导叶通道收敛,气流在导叶通道后段膨胀程度增大,导叶后加载的程度加深。当导叶开大时,气流在导叶通道后段膨胀加速能力减弱,导叶由后加载逐渐转变为前加载。同时导叶静压分布线所围区域的面积更小,说明导叶负荷变小,此时可调导叶级反动度变大。

可调导叶转角对叶片近顶部负荷分布的影响如图2-6所示,其影响完全不同于气流冲角对叶片负荷分布的影响,并且与图2-5相比,端部间隙泄漏流对导叶负荷大小和负荷分布有着十分明显的影响,尤其在叶片顶部压力侧后半部分,静压值大幅降低,这主要是由于端部间隙泄漏流加速进入叶片间隙所致。另外,由于端部旋转轴绕流效应,在导叶顶部吸力侧旋转轴附近位置,静压首先快速降低,然后有所增加;不过,旋转轴的存在对压力侧静压分布影响较小。总体上,可调导叶端部流动是由间隙泄漏流和旋转轴绕流效应叠加产生的,具有明显的非定常特性。

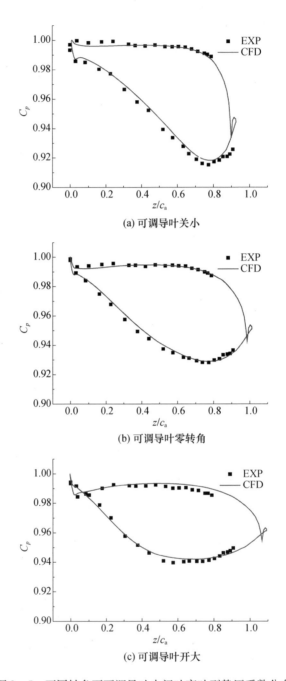

图 2-5 不同转角下可调导叶中间叶高叶型静压系数分布

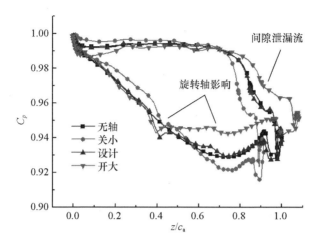

图2-6 导叶转角和旋转轴对叶片近顶部负荷分布的影响

以上分析也可以从图2-7不同转角下变几何涡轮可调导叶中间叶高截面马赫数分布中得到证实。从图2-7中还可以看到,在可调导叶关小时,导叶由中亚声速流动逐渐进入高亚声速流动,叶片尾缘堵塞有所增大,可调导叶冲角趋向正冲角。当可调导叶开大时,叶片尾缘堵塞减小,可调导叶冲角趋向负冲角,此时可调导叶压力面形成了流动分离旋涡区,如图2-8所示。

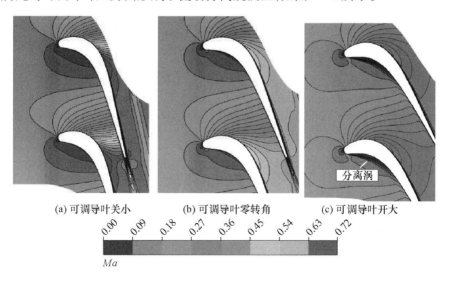

图2-7 不同转角下可调导叶中间叶高截面马赫数分布(见彩图)

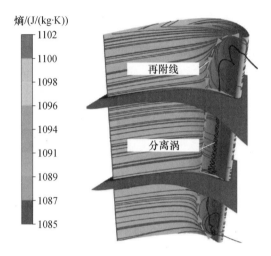

图2-8 可调导叶开大时叶片压力面分离区结构(见彩图)

从图2-8中还可以看到,由于可调导叶采用的是"后加载"叶型,其具有良好的来流冲角适应性,尽管在可调导叶开大时导叶压力侧出现了流动分离区,但该流动分离区基本上呈现的是二维分离特性,可以推测出此时变几何涡轮的可调导叶具有比较小的非设计冲角损失。

## 2.1.3 部分间隙对可调导叶气动损失特性的影响

图2-9给出了两种间隙高度下可调导叶机匣端壁静压系数分布,图中"+"字代表着压力传感器位置。正如上文所述,可调导叶端部泄漏流和旋转轴绕流等共同作用使得当地流场异常复杂,在导叶顶部间隙吸力侧尾缘区域可见一个明显的低压区,其从旋转轴前侧延伸到导叶尾缘,并且该低压区可以分为两个部分:旋转轴绕流效应影响区域和导叶顶部尾侧泄漏流影响区域。总体上,在大的可调导叶端部间隙高度影响下,该低压区范围更大。

为了揭示变几何涡轮可调导叶端部部分间隙泄漏损失机制,给出零转角下可调导叶内部流动损失沿流向发展情况,如图2-10所示。在不同的端部间隙高度下,在可调导叶前缘之前,总压损失值保持相同。在大约15%轴向弦长位置,2.2%叶高间隙下的总压损失开始超过1.1%叶高间隙。总压损失系数沿流向的增加速度一直到旋转轴下游位置都近似维持不变。不过,从旋转轴下游到导叶尾缘区域,总压损失急剧增加。为了清楚地说明旋转轴绕流和导叶顶部后侧泄漏流之间的干涉作用,一个假定的无轴算例也一并给出。通过比较有轴和

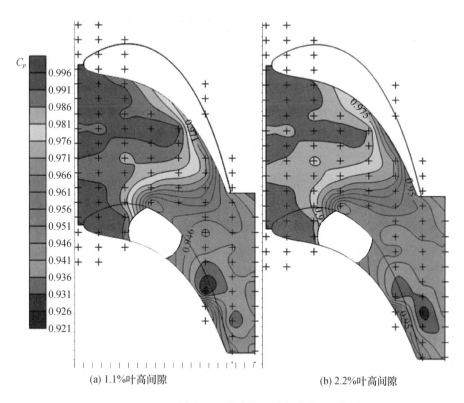

(a) 1.1%叶高间隙　　　　　　(b) 2.2%叶高间隙

图 2-9　可调导叶机匣端壁静压系数分布（见彩图）

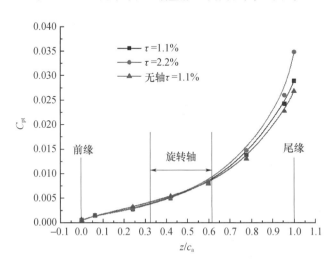

图 2-10　零转角下可调导叶内部流动损失沿流向发展情况

无轴两个算例可以看出,在可调导叶旋转轴上游,有轴算例下的总压损失系数略微低于无轴算例,这是由于当地的间隙泄漏流场改变所致。然而,在旋转轴下游区域,由于上述两种流动之间的相互干涉作用,有轴算例下的总压损失系数有明显增加。

图 2-11 给出了零转角下可调导叶出口试验总压损失系数分布,总压损失主要产生在泄漏涡所在区域和导叶尾缘后侧尾迹区域。并且,总压损失系数的最高值刚好位于泄漏涡中心,这意味着泄漏涡在可调导叶下游气动损失生成方面起着关键作用。另外,在该图中几乎看不到通道涡的存在,这主要是由于测量点稀疏所致。不过,总体上,2.2%叶高间隙下的间隙泄漏损失明显大于1.1%叶高间隙。上述分析从图 2-12 中零转角下可调导叶出口试验总压损失系数沿叶高分布中也可以得到证实。

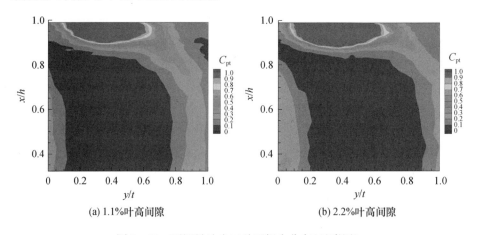

图 2-11 可调导叶出口总压损失分布(见彩图)

图 2-13 给出了零转角下变几何涡轮可调导叶出口试验与计算气流角沿叶高分布,测量数据来自于导叶尾缘下游40%轴向弦长位置。从图 2-13 中可以看到,试验和计算的结果有所偏差,主流区域偏差在1.5°以内,而在间隙区域的测量偏差最大值约为4°,这主要是由于试验叶栅进口来流附面层已经充分发展,使得来流变得不均匀,而计算时进口错按均匀设置造成边界不一致所致。此外,在可调导叶主流区域,随着端部间隙的增加,可调导叶出口气流角几乎保持不变;然而,由于导叶端部间隙高度的增加,气流欠偏转现象显著增强,这在某种程度上恶化了变几何涡轮各叶片列间端部流动的良好匹配。

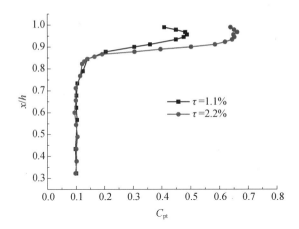

图 2-12 零转角下可调导叶出口试验总压损失系数沿叶高分布

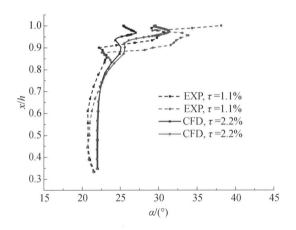

图 2-13 零转角下可调导叶出口试验与计算出气角沿叶高分布

## 2.2 可调导叶级端区流动干涉机制及损失特性

### 2.2.1 三维流场结构及损失特性

可调导叶转动除了导致导叶自身出现冲角流动之外,还对下游动叶流场产生了比较明显的影响。图 2-14 给出了不同转角下动叶中间叶高叶型静压系数分布。在零转角下,动叶叶型负荷分布趋于"均匀加载"(图 2-15(b))。随着导叶的关小,动叶冲角趋向较大正冲角,前驻点向压力面移动,动叶前部横向压差增大,动叶工作状态由均匀加载转变为前加载,此时沿动叶片吸力面形成了细长尺度的流动分离旋涡区(图2-15(a))。当可调导叶开大时,动叶进气冲角转变为负冲角,前驻点向吸力面移动,动叶前部横向压差减小,动叶工作在后加载状态,这有利于抑制动叶通道内二次流的发展,不过此时沿动叶片压力面形成了大尺度流动分离区(图2-15(c))。

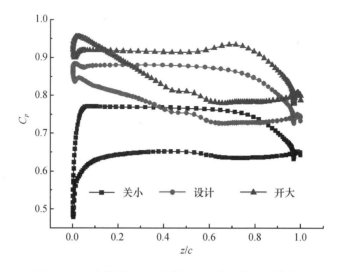

图2-14　不同转角下动叶中间叶高叶型静压系数分布

　　图2-16给出了可调导叶关小和开大时动叶表面极限流线分布,可调导叶关小时动叶吸力侧分离区是由轮毂端壁附近冲角诱导出的分离泡螺旋向上运动产生,并且呈现出明显的三维分离特性。另外,可调导叶关小时叶片负荷的增加也同时增强了动叶顶部泄漏流动。当可调导叶开大时,一个闭式三维分离涡在动叶压力侧根部端壁产生并做逆时针螺旋上升运动,整体上三维分离特性较弱。

　　基于以上的分析也可以看到,无论是在大正冲角或者大负冲角下运行,可调导叶级动叶片前缘都发生了流动分离,不过这两种流动分离的位置和机制完全不同,所引起的损失大小也不同。图2-17给出了不同转角下可调导叶级动叶出口熵分布,可以明显看到可调导叶关小时动叶出口损失主要由根部二次流和顶部泄漏涡引起,损失强度明显变大,而可调导叶开大时动叶出口损失则有略微减小,但差别不大。

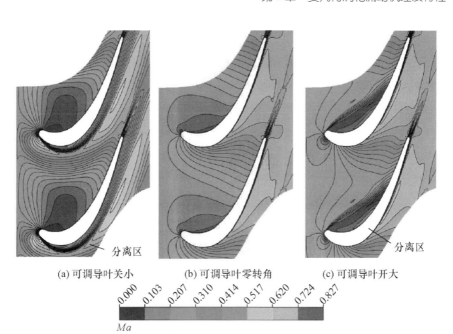

(a) 可调导叶关小　　　(b) 可调导叶零转角　　　(c) 可调导叶开大

图 2-15　不同转角下可调导叶级动叶中间叶高截面马赫数分布(见彩图)

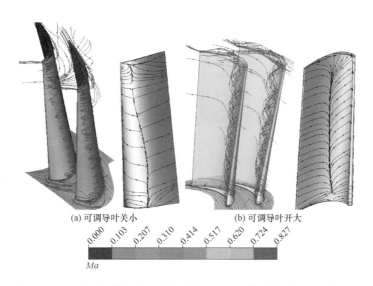

(a) 可调导叶关小　　　　　(b) 可调导叶开大

图 2-16　可调导叶关小和开大时动叶表面极限流线分布(见彩图)

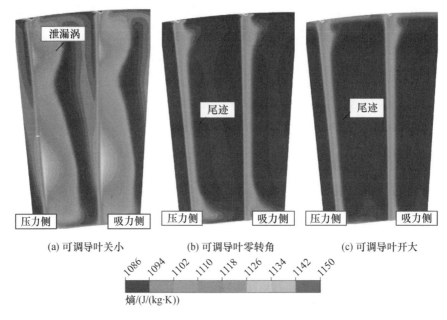

图 2-17 不同转角下可调导叶级动叶出口熵分布(见彩图)

## 2.2.2 非稳态流动干涉机制

与传统固定几何导叶不同,可调导叶流动损失主要是由上下端区间隙泄漏涡、通道涡等二次流造成的。可调导叶对下游动叶的非定常影响有尾迹、势流等作用和泄漏涡与通道涡的干扰,而导叶通道内的压力等参数的非定常脉动就是由动静干涉和非定常涡系作用诱导产生的。为进一步揭示变几何涡轮内部瞬态流场特征,本小节对其内部流动干涉机制进行探讨。图 2-18 给出了可调导叶出口不同时刻熵增分布,导叶出口主要损失是上下端区的泄漏涡和通道涡损失,鉴于截面显示位置与导叶尾缘出口不垂直,故而导叶尾迹损失区域表现不明显,仅在图中看出在上通道涡垂直到下通道涡区域范围内有一段高损失区域,该区域包含有导叶吸力面流体分离而导致的熵增和导叶尾迹造成的熵增影响。在一个时间周期内,上端壁泄漏涡损失区的范围与位置基本不变,上端壁泄漏涡导致的熵增随着时间有减小的趋势,$2T/4$ 时刻其熵增明显比 $0T/4$ 时刻小,$3T/4$ 时刻再次出现可见高损失核心,泄漏涡 A 的强度基本不变。上端壁通道涡也呈现先变小再变大的趋势。下端壁涡系变化也基本一致,下端壁通道涡从 $0T/4$ 时刻开始减小,$2T/4$ 时刻几乎不可见,$3T/4$ 时刻重新出现。

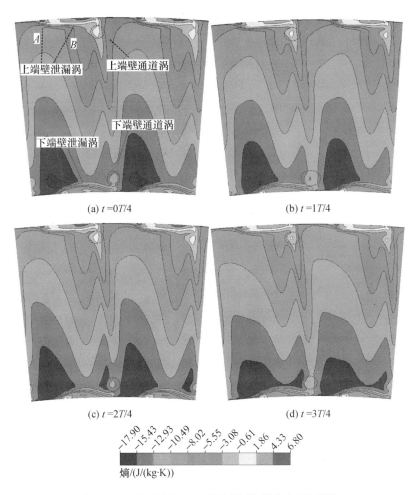

图 2-18 可调导叶出口不同时刻熵增分布（见彩图）

由此可见,由旋涡引起的高熵区位置变化幅度不是很大,损失区范围却有明显变化,这与导叶和动叶的瞬时相对位置有密切关系。在非定常条件下,涡轮流道内压力分布是可变的,随着动叶旋转,导叶喉部压力会受到下游动叶前缘的干涉效应影响。动叶前缘气流扰动带来当地压力变化,周期性地通过可调导叶喉部位置,造成当地压力变化,从而影响导叶出口吸力面的压力梯度。当动叶前缘吸力面低压区通过导叶出口附近时,与导叶吸力面出口形成一个逆压力梯度,造成流动损失增加,但是逆压梯度增强会导致旋涡强度减弱,造成端部泄漏涡损失核心变小。

图 2-19 给出了可调导叶级动叶进口不同时刻熵增分布,4 个典型时刻衔接成一个非定常周期,相当于动叶转过一个导叶节距的过程。首先观察 0T/4 时刻熵增分布图,动叶进口流动损失受到上游导叶尾迹和上下端壁泄漏涡的影响为主,通道涡与尾迹相互干扰,其影响范围较小。在该时刻,动叶前缘叶根区域转动到接近下端壁泄漏涡时,前缘投影线 B 左边是泄漏涡主体,右边 A 区域为尾迹根部高损失区,其中包含部分泄漏流与下端壁通道涡,因此其高熵值区域比上端壁通道涡大。另外,上游导叶尾迹为一个完整区域,从 0T/4 到 2T/4 时刻,旋转的动叶前缘切割尾迹流,可见尾迹区域的范围变得细长,在 3T/4 时

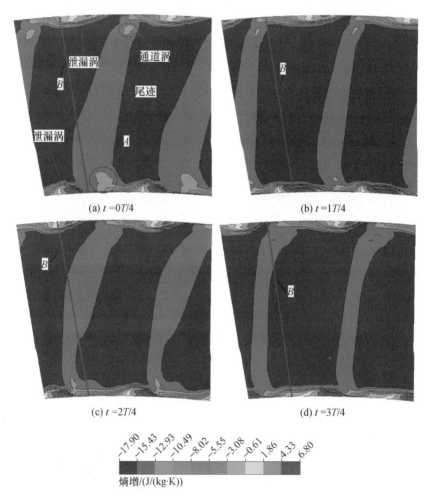

图 2-19 可调导叶级动叶进口不同时刻熵增分布(见彩图)

刻几乎将尾迹区分成上大、下小的两部分，0T/4时刻尾迹区恢复，可见动静干涉使上游导叶尾迹表现出非定常性，周期性地被动叶切割并向下游动叶通道内发展。总体上，导叶上下泄漏涡发生的变化和导叶与动叶的相对位置有关，0T/4到1T/4时刻动叶前缘根部扫过下端壁泄漏涡，使泄漏涡在周向上拉伸、径向上压扁，随后时刻恢复成近似圆形的形状。这表明在动叶前缘对上游导叶脱落涡系的瞬时作用不同，在导叶与动叶相互作用中有必要深入分析导叶出口涡系对下游动叶端区流动的影响。

图2-20给出了可调导叶级动叶5%叶高截面不同时刻径向涡量分布，此截面上尾迹与通道涡的径向分量较为明显且避开了可调导叶间隙泄漏涡带来的影响。从图中可以完整地观测到导叶尾迹在动叶通道中的传播和演变，以及对动叶轮毂通道涡和动叶出口流动的影响。图2-20中靠近动叶吸力面的负涡量区域为动叶轮毂通道涡的径向分量范围。结合图中4个典型时刻的分析可以看到，上游尾迹在动叶通道中传播时，上游尾迹形态受压力梯度、速度梯度等作用变化，与动叶下端壁通道涡不断相互作用。尾迹是沿流向从前向后运动，而不是同时作用于整个通道涡上。因此在此只分析上游可调导叶尾迹对下游动叶通道涡局部区域的非定常影响。

正如研究人员所知，导叶尾迹中包含一正一负的径向涡量对，动叶通道涡则为负的径向涡量。如图2-20所示，在0T/4时刻，正涡量尾迹位于负涡量尾迹前方并刚进入动叶流道入口，同一时刻在动叶通道中部有正负两个涡量团。动叶入口处正涡量尾迹延伸至动叶压力面，增强了前缘处压力面附面层的正涡量，而后面的负尾迹涡量尾部被动叶前缘切断。在更早时刻进入的尾迹正涡团扫过动叶吸力面，与通道涡开始作用。由于涡量正负相反，二者相互抵消，使虚线圈内轮毂通道涡的径向涡量减小。1T/4时刻刚进入动叶通道的尾迹向下游运动，动叶吸力面附近负尾迹涡团与同为负值的通道涡相融合而消失，增大了A区域处吸力面通道涡的尺度，这与0T/4时刻有明显不同。而同时刻在动叶通道中部存在的正涡量尾迹被拉伸，相接触的通道涡进一步被抵消，动叶出口处C区域可见一明显脱落的正涡量团。在2T/4和3T/4时刻，入口处尾迹向流道中部发展，由于动叶片附面层速度较低，流道中部速度较高，并在动叶吸力面壁面黏滞力作用下尾迹出现拉伸断裂现象，周期性出现0T/4时刻通道中部尾迹扫过吸力面前半部分，与通道涡相互抵消的现象，具有明显的非定常性。在3T/4时刻可以看到，贴近动叶压力面的导叶正涡量尾迹在动叶出口处进入动叶尾迹，动叶吸力面正的尾迹涡团继续向下游切入通道涡。这样运动的结果是在动叶

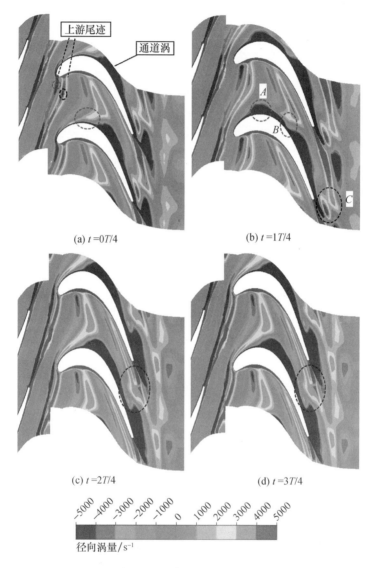

图 2-20 可调导叶级动叶 5% 叶高截面不同时刻径向涡量分布（见彩图）

出口流道处脱落成一正一负的涡团，负脱落涡团由导叶尾迹正涡团与通道涡相互抵消，而且在动叶尾缘处被动叶尾迹与导叶尾迹两个正涡量团挤压而脱落，可以在 1T/4 时刻动叶出口观察到这种流动状况。

图 2-21 给出了可调导叶级动叶 95% 叶高截面不同时刻径向涡量分布，图中可见导叶尾缘处正负两股尾迹涡量团，从导叶中部延伸出的正涡量为导叶间

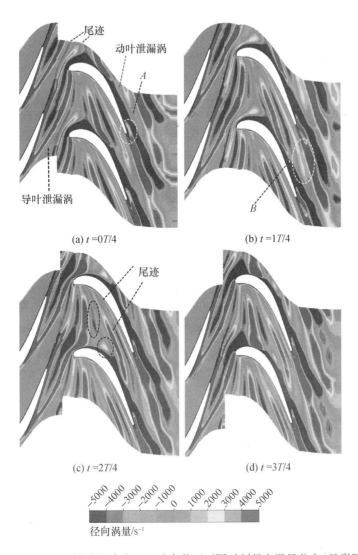

图 2-21 可调导叶级动叶 95% 叶高截面不同时刻径向涡量分布（见彩图）

隙泄漏涡,该泄漏涡与正涡量尾迹之间存在一股负涡量团,此负涡量流体为导叶泄漏涡所诱导生成。动叶吸力面中后部高涡量区是动叶顶部泄漏涡,在 $0T/4$ 时刻所标记的 $A$ 区域中,动叶顶部泄漏涡与吸力面间出现的部分旋向相反的涡量团是动叶上端壁通道涡的一部分。与导叶尾迹在动叶通道中的传播过程类似,导叶泄漏涡、诱导涡和尾迹按照从前向后、一正一负的规律进入动叶流道。在该截面位置,导叶间隙泄漏涡与诱导涡强度大于导叶尾迹,因而动叶流场的变化主要由导叶泄漏涡和诱导涡引起。在 $0T/4$ 时刻动叶入口处，导叶泄漏涡末端刚接触到动叶前缘压力面，此刻负涡量的诱导涡末端在动叶前缘处流向吸力面，在吸力面前端增强了负涡团。随后的几个时刻可见导叶泄漏涡与诱导涡被动叶前缘切割后进入动叶流道，导叶泄漏涡正涡量团与负的动叶顶部间隙泄漏涡相抵消，然而这种抵消会被随后的诱导涡负涡量补充恢复，因此动叶泄漏涡的非定常性较弱。此外，动叶吸力面流速较快，导叶泄漏涡与诱导涡被拉长，在 $1T/4$ 时刻的 $B$ 区域可见导叶泄漏涡逐渐汇入动叶尾迹中，而诱导涡一方面补充动叶泄漏涡，另一方面在流道中被前后正涡量抵消，在动叶出口几乎不可见。

图 2-22 给出了可调导叶级动叶吸力面极限流线和熵分布，上下端壁通道涡的分离线向中间叶高位置聚集，选取 $0T/4$ 时刻，动叶下端壁通道涡占尾缘叶高约 32.3%，上端壁通道涡占尾缘叶高约 21.6%，顶部泄漏涡占 4.4%，其他时刻数据有小幅振荡但是变化极小。虽然在每个时刻的通道涡占尾缘叶高的变化不大，但是如图 2-22 中标记区域所示，动叶表面附近熵值增大，通道涡极限流线向中间叶高位置扬起。这种现象在整个非定常周期内是由动叶前缘发展到尾缘附近所引起，其呈波动性变化。结合上文分析，动叶通道涡受到上游可调导叶尾迹与泄漏涡的作用，这种作用是从前到后传播，导致通道涡呈现非定常性效应，然而这种非定常性还未持续到动叶出口就已经被削弱，这是由于导叶尾迹和泄漏涡在动叶流道中与主流和壁面附面层掺混所造成，所以通道涡的径向范围变化幅度极小。

## 2.3 多级变几何涡轮流场及其气动特性分析

### 2.3.1 多级变几何涡轮内部流场演化特性

不同转角下多级变几何涡轮中间叶高截面马赫数分布如图 2-23 所示，从图 2-23(b) 中可以看到，气流与叶片列匹配良好，无冲角现象发生。当可调导叶关小时（图 2-23(a)），来流与导叶片匹配变差，导致导叶片进口正冲角来流。这导致了部分间隙区域泄漏量增加和更强的端部二次流。相似的现象在动叶片流道内也能看到，并且在叶片吸力侧可见一个细长的分离区。总体上，可以推测出，冲角诱导损失快速增加，这严重恶化了涡轮气动效率。相似地，当可调导叶开大时（图 2-23(c)），导叶片和动叶片进口产生负冲角。在动叶片

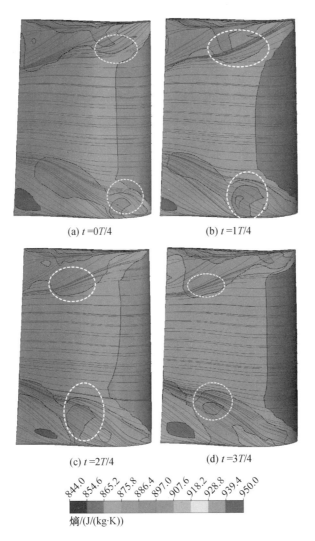

图 2-22 可调导叶级动叶吸力面极限流线和熵分布（见彩图）

通道压力侧附近可见一个较宽的分离区。另外，从图 2-23 中可以明显看到，在上述三种导叶转角情况下，随着流动向下游发展，导叶变几何对下游叶片列气动性能的影响逐渐减弱。

由图 2-24 多级变几何涡轮各级动叶进口相对气流角在两个负转角下的变化情况可见，随着涡轮功率和可调导叶关小，尽管可调导叶仅仅进一步关小了 1°，可调导叶级动叶片的相对进气角 $\beta_1$ 在根部减小约 3°，而沿叶高上半部减

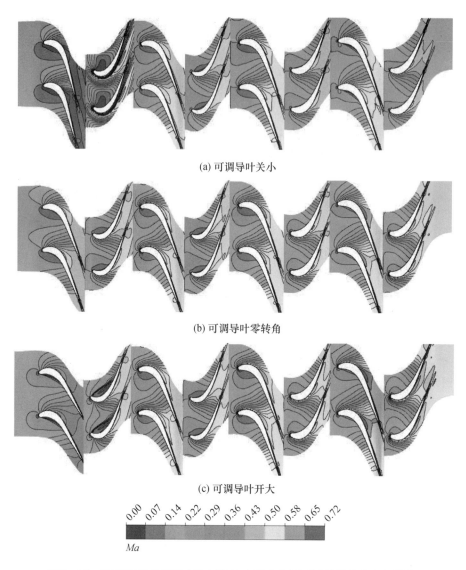

图2-23 不同转角下多级变几何涡轮中间叶高截面马赫数分布(见彩图)

小了5°~10°,并且使整个叶高上半部的流动特性显著改变。对于所研究的船用变几何涡轮,各级导叶基本上采用后部加载叶型设计,而且还采用大圆角半径的几何前缘,其对气流冲角的变化不敏感。因此其他三级动叶的进气冲角的变化并不会太剧烈;相比之下,第四级动叶的相对进气角$\beta_1$的变化要大一些,而叶高下半部的变化更为显著。

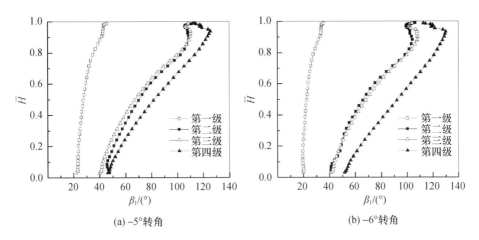

图 2-24 多级变几何涡轮各级动叶进口相对气流角在两个负转角下的变化情况

由图 2-25 多级变几何涡轮各级动叶进口相对气流角在两个正转角下的变化情况可知,当可调导叶进一步开大 +4°,可调导叶级动叶进口相对气流角 $\beta_1$ 随之增大,顶部增加了约 10°,根部的变化更大,增加了约 22°,但其他三级的变化并不明显。因此,除可调导叶级外,整个涡轮流场的结构不会有太大变化。通常地,随着气流负冲角的增加,涡轮叶片的流动损失并不会显著增加。对于所研究的船用变几何涡轮,当可调导叶由 +4°开大到 +8°时,整个变几何涡轮的效率仅下降了约 0.5%。

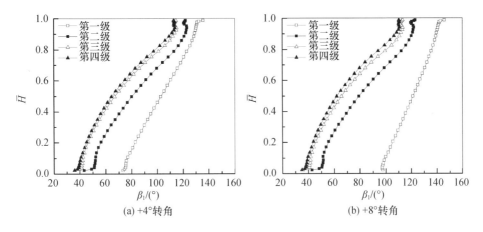

图 2-25 多级变几何涡轮各级动叶进口相对气流角在两个正转角下的变化情况

## 2.3.2 导叶可调对涡轮各级气动参数的影响规律

图 2-26 给出了多级变几何涡轮各级动叶进口相对气流角 $\beta_1$ 的径向分布随可调导叶转动的变化规律。当可调导叶由定几何逐渐开大，第一级动叶进口相对气流角 $\beta_1$ 随之增大，根部的变化更大（当可调导叶处于 +8°转角位置时，根部增大近 50°，顶部增大近 30°），但其他三级的变化并不明显。当可调导叶由定几何逐渐关小时，第一级的 $\beta_1$ 相应减小，顶部的变化更大（当可调导叶处于 -6°转角位置时，根部减小了近 30°，顶部减小了近 50°），但其他三级的 $\beta_1$ 增加较慢，在关小到 -6°位置以后，第三级、第四级的 $\beta_1$ 增加很快，其中部的变化最大，而第二级的 $\beta_1$ 则仅在叶高的上半部有较大增加。

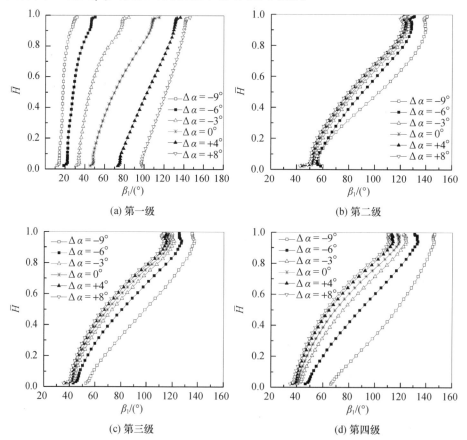

图 2-26 多级变几何涡轮各级动叶进口相对气流角径向分布随可调导叶转动的变化规律

图2-27给出了多级变几何涡轮各级动叶出口绝对气流角$\alpha_2$的径向分布随可调导叶转动的变化规律。当可调导叶由定几何逐渐关小，第一级动叶叶高下半部出口绝对气流角$\alpha_2$随之增大，然而仅在可调导叶处于$-9°$转角位置时，叶高上半部$\alpha_2$明显减小，从而使气流在上半部欠偏转，下半部则过偏转；第二级到第四级动叶沿径向的气流角$\alpha_2$整体上逐渐增加，而在关小到$-6°$位置以后，增加的程度更加显著。当可调导叶由定几何逐渐开大时，各级动叶沿径向的气流角$\alpha_2$整体上降低得很小。

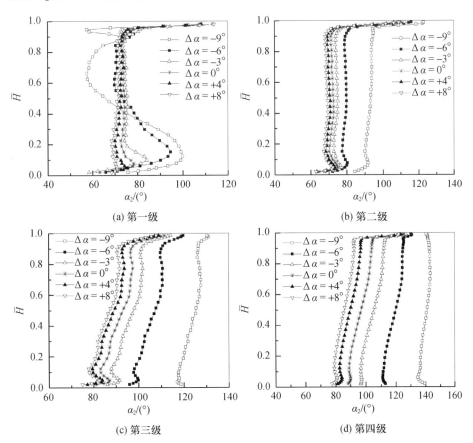

图2-27 多级变几何涡轮各级动叶出口绝对气流角径向分布随可调导叶转动的变化规律

可调导叶无论是开大还是关小，变几何涡轮各级都将处于非设计工况下运行，涡轮效率都将随可调导叶的转动而降低，不过涡轮总体性能随可调导叶转动的变化规律在开大和关小时是不同的。不同转角下各叶片列进口气流角分布如图 2-28 所示,随着可调导叶关小,可调导叶级动叶片进口气流角明显减小,涡轮动叶在大正冲角下运行,而其他级导叶、动叶进口气流角则逐渐增大,趋向大负冲角流动,第四级增加最为明显。当可调导叶开大时,可调导叶级动叶进口气流角明显增大,涡轮动叶在大负冲角下运行,此时其他各级叶片则在大正冲角下运行。

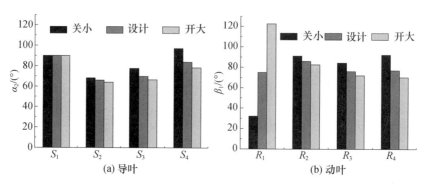

图 2-28 多级变几何涡轮各叶片列进口气流角分布

### 2.3.3 导叶可调对涡轮各级总体参数的影响规律

图 2-29 给出了多级变几何涡轮各级反动度径向分布随导叶转动的变化规律,可调导叶关小,第一级的热力反动度沿径向整体下降,根部要比顶部降低得更多,并在 -9° 转角位置出现负的反动度,而开大则反向变化,整体上第一级的变化最大;在可调导叶由 +8° 位置关小到 -6° 时,其他级变化则不明显,而进一步关小可调导叶,第二级中下部有所减小,第三级、第四级则是中上部减小。由于涡轮级间的相互干扰,显然会对其他级的流动产生影响,进而改变整个涡轮部件的运行。因此,可调导叶级的通流特性变化将很大程度上决定整个变几何涡轮的气动特性。

无论是可调导叶开大还是关小,涡轮各叶片列间参数发生显著改变,涡轮级反动度也相应变化。如图 2-30 所示,可调导叶关小明显减小了可调导叶级反动度,而可调导叶开大则明显增加了级反动度,这也可以从以上的分析中得到证实。并且,从图 2-30 中也可以看到,可调导叶转动对其他级的影响比较小。尽管如此,变几何涡轮各级功率和效率却有明显变化,如图 2-31 所示。尽管可调导叶关小明显增加了可调导叶级输出功率,但其他三级功率却有明显降低,整体上可调导叶关小减小了涡轮输出功率,反之亦然。从图 2-31(b)中

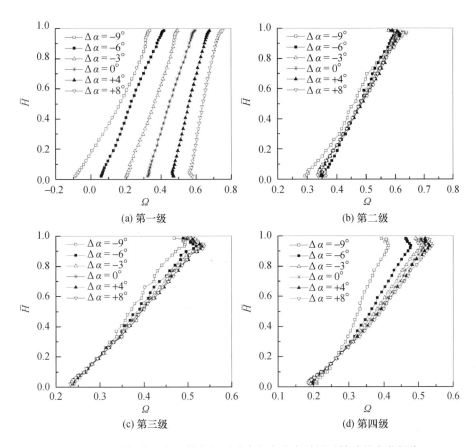

图 2-29 多级变几何涡轮各级反动度径向分布随导叶转动的变化规律

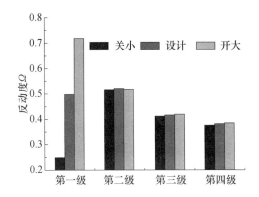

图 2-30 多级变几何涡轮各级反动度随导叶转动的变化规律

可以看到,可调导叶关小明显降低了可调导叶级效率,而可调导叶关小对其他级的负面影响则逐渐变弱,甚至在涡轮末级效率有所提高,这主要是由于此时涡轮级输出功率明显减小,改善了涡轮通流所致;而可调导叶开大则对涡轮各级的影响比较相似。结合图2-28和图2-31还可以看到,可调导叶转动对该四级动力涡轮中第一级流动性能影响较大,而对后面三级影响较小。

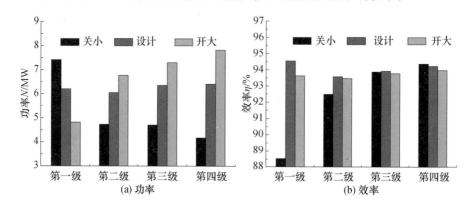

图2.-31 多级变几何涡轮各级功率和效率随导叶转动的变化规律

## 2.4 变几何涡轮的流量、功率及效率特性

### 2.4.1 流量特性

图2-32给出了变几何涡轮的典型流量特性曲线,在两个典型的运行工况下,折合流量的增加与通流面积的加大成正比,或者说随着可调导叶开大,折合流量逐渐增大,然而随着可调导叶开大,尽管通流面积进一步增加,但涡轮的通流能力由于受到下游动叶喉部面积的限制,折合流量增加的速度逐渐降低。相应地,随着可调导叶关小,折合流量随着通流面积的减小而逐步减小。从图2-32中也可以看出,随着膨胀比和折合流量的增加,变几何涡轮很快进入了堵塞工况。

### 2.4.2 功率特性

图2-33给出了变几何涡轮的典型功率特性曲线,从图中可以看出,随着可调导叶开大,涡轮的做功能力提高很快,这主要与涡轮流量随可调导叶开大

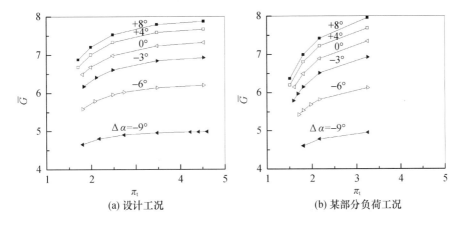

(a) 设计工况　　　　　　　　(b) 某部分负荷工况

图 2-32　多级变几何涡轮典型流量特性

而增加有关。而且,当可调导叶由 +4°转角位置进一步开大时,涡轮的做功能力并没有显著提高,这主要是因为涡轮的通流能力受到了可调导叶级动叶喉部面积的限制。从整体趋势上看,变几何涡轮的功率特性与流量特性的变化规律相符。

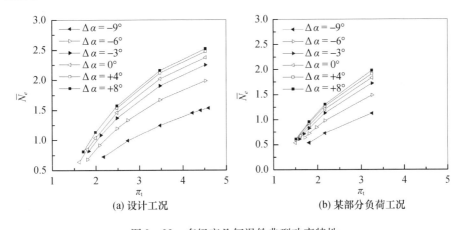

(a) 设计工况　　　　　　　　(b) 某部分负荷工况

图 2-33　多级变几何涡轮典型功率特性

## 2.4.3　效率特性

图 2-34 给出了变几何涡轮的典型效率特性曲线,从图中可以看出,在可调导叶较小的转动范围内,即当转角 $\Delta\alpha$ 取值在 $-3° \sim +4°$ 时,变几何涡轮的效率特性无明显变化,主要是因为涡轮导叶、动叶的前缘几何型线对冲角变化不

敏感，并且分别是具有"后部加载"和"均匀加载"特点的典型高性能叶型，较小的冲角变化并不会导致整个涡轮的内部流动损失明显增加。然而当可调导叶由 $-3°$ 位置进一步关小时，在所有运行转速下，变几何涡轮的效率皆显著下降，特别在较低的运行转速下，由于整个涡轮严重偏离设计冲角运行，导致涡轮效率急剧降低，做功能力也下降得很快；而可调导叶由 $+4°$ 位置进一步开大时，尽管变几何涡轮的效率也有所下降，然而降低的趋势较小。事实上，在变几何涡轮的实际运行当中，可调导叶的转动将不可避免增加涡轮的间隙泄漏损失，从而导致涡轮效率的下降。因此，可调导叶无论是开大或关小，多级变几何涡轮的效率皆随可调导叶的转动而降低，但效率降低的程度不同，从图中可以看到，可调导叶开大造成的降低量小于可调导叶关小造成的降低量。

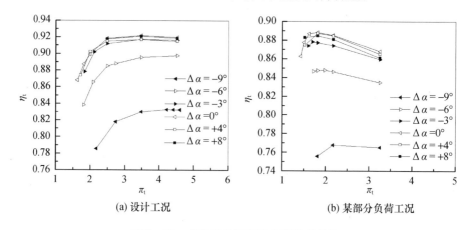

图 2-34 多级变几何涡轮典型效率特性

### 2.4.4 通用特性

图 2-35 给出了不同可调导叶转角下，变几何涡轮的膨胀比、折合流量与效率的通用变化关系曲线。当可调导叶由定几何关小到 $-9°$ 转角位置时，整个变几何涡轮都在低效率区域下运行；然而当可调导叶由定几何位置开大时，涡轮通用特性曲线图上的高效率运行区域减小得比较慢。

综上可见，在探讨变几何涡轮设计的可行性时，必须考虑涡轮效率降低对整个发动机机组采用变几何涡轮得到的收益的定量影响，而且也要求控制可调导叶转动的机械机构具有较高的精度，由此可见变几何涡轮的设计难度很大。此外，考虑与整个机组的有机匹配，可调导叶的转角选取不仅取决于变几何涡

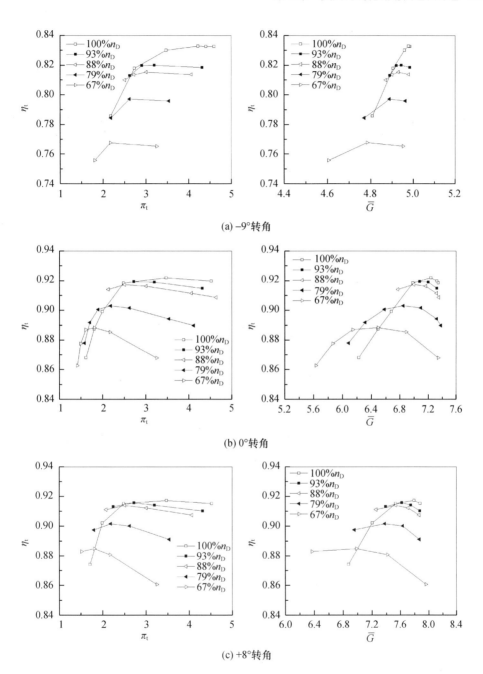

图 2-35 多级变几何涡轮通用特性

轮控制流量以满足功率变化的要求，而且也必须考虑到其与燃气发生器相匹配，另外也受限于可调导叶级动叶片的冲角适应性，特别是可调导叶级动叶片正冲角下抗分离流动的能力以及可调导叶转动的强度要求和其采用的叶型转折角等几何型线限制。

## 2.5　小结

本章主要从可调导叶端部部分间隙泄漏流特性及损失机制，可调导叶级端区流动干涉机制及损失特性，多级变几何涡轮流场及其气动特性分析和变几何涡轮的流量、功率及效率特性等方面进行了概述。

涡轮变几何引入了导叶端部部分间隙，并造成了泄漏涡和通道涡的干扰，进而改变了导叶端区的流场结构及损失分布。可调导叶的泄漏涡涡核主要是由旋转轴后侧的泄漏流线组成，这与常规动叶的泄漏涡涡核组成明显不同。

可调导叶转动改变了自身的喉部面积及负荷分布，不仅导致自身出现非设计冲角流动，还导致动叶前缘附近产生大冲角分离流动，而可调导叶开大或关小引起的动叶流动分离的位置和机制完全不同，所引起的损失大小也不同。特别是，可调导叶关小导致的动叶吸力侧大分离流动是由轮毂端壁附近分离泡螺旋向上运动产生，表现出强烈的三维分离特性，严重恶化变几何涡轮气动性能。

可调导叶转动改变了导叶的喉部面积，导致各叶片列进口气流角、涡轮级间焓降及反动度重新分配，从而在不同程度上恶化涡轮各级气动性能。不过，涡轮总体性能随可调导叶转动的变化规律在开大和关小时是不同的，即可调导叶开大造成的降低量小于可调导叶关小造成的降低量。尽管如此，导叶转动整体上对多级变几何涡轮可调导叶级的影响最为明显。

# 第3章 变几何涡轮气动设计方法

## 3.1 变几何涡轮低维气动设计参数选取规律及优化

涡轮机的气动设计需要从一维到三维不断进行改进,一维参数的计算结果是三维设计的根本。虽然,在高维空间中可以直接对设计本身进行优化,但往往需要丰富的设计经验,同时还需依靠三维流场的精确计算结果。因此,在缺乏设计基础的改进下往往得不偿失,甚至导致整个气动设计的失败。在低维空间的设计中,对涡轮基元级的基本理论与设计经验要求更高,但是如果充分掌握了涡轮内部流动的本质与设计理论基础,对最终高维空间的设计优化将会起到至关重要的作用,这是涡轮气动设计成功的一个关键环节。因此,本节针对变几何涡轮低维设计变量的选取规律进行研究。

### 3.1.1 变几何涡轮气动特征

船用燃气轮机运行工况范围较宽,巡航工况点在30%工况左右。如图3-1所示,在巡航工况,即低工况下的涡轮效率相比设计工况降低了3%~5%,因而机组耗油率也随之大幅增加,这使得涡轮宽工况高效运行问题成为急需解决的一个关键问题。常规定几何涡轮的气动设计是依据特定工况点的各个参数完成低维到高维设计。由于运行特性的不同,变几何涡轮通常需要在大范围变工况条件下稳定工作,采用常规涡轮的设计方法对变几何涡轮进行设计不够现实。因而,从多个维度对变几何涡轮设计参数进行合理选取,对提升变几何涡轮的变工况能力有着重要的意义。

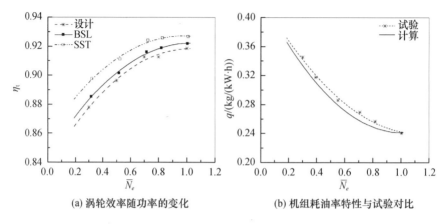

图 3-1 涡轮总体性能及机组耗油率特性

## 3.1.2 低维气动设计参数随导叶转动的变化规律

### 1. 设计工况点

常规的定几何涡轮在气动设计时,一般是给定涡轮进口总温与总压、流量、功率等一系列设计参数,进而选择合适的通流部分方案,而后对关键的气动参数与叶型参数进行计算,并根据计算结果完成涡轮叶片的基本造型。然而,燃气轮机动力涡轮在寿命期内,常常需要在多工况、长时间下稳定运行,常规涡轮在设计之初并没有考虑多工况下高效稳定运行的问题,因此会导致动力涡轮在设计工况下性能良好,而在非设计工况下进排气系统流量失配,各叶片列冲角增加,涡轮效率降低。因此,本小节采用一维平均中径方法,针对变几何涡轮需要在不同工况下稳定运行的特点,在低维空间对设计工况点进行合理选取,以保证涡轮在不同工况下运行良好。

本小节依托四级动力涡轮的五个运行工况点为设计依据,在低维空间对选择不同工况为设计点的低维模型进行变工况分析,主要研究转速、膨胀比的变化与总静效率的对应关系。图 3-2 为选择不同工况作为设计点时,效率与转速、膨胀比的对应关系。从图 3-2(a)中可以看出,当设计点选择在 30% 工况时,涡轮设计点性能优良,但在非设计点,如折合转速增加到 $100.86 \text{r}/(\min \cdot \text{K}^{-0.5})$ 时,性能恶化严重。同样,当设计点选择在 100% 工况时,在设计点性能理想,总静效率为 87.8%,而在非设计点,如 30% 工况时,总静效率降为 79.5%。在每个不同的设计转速下,当转速小幅提升会使效率得到提高,但当转速超过一定的范围时,效率会呈现下降的趋势,这是因为高转速意味着叶片正处于负冲角来流,而低转速叶片正处于正冲角来流。正如研究人员所知,涡轮叶片对负冲角来流的表现远优于正冲角来流。因此,设计点选择在低转速时,可以大幅度避免在极限低转速时的效率下降,并且可以保证在相对高转速运行时,涡轮在大部分非设计点均处于负冲角状态,这将有利于提高变几何涡轮的宽工况气动特性。通过分析总结后发现,当设计工况点选择为50%工况时,效率值整体波动最低,在非设计转速下可以保持相对较高的效率稳定特性。

随后,进一步分析以何种工况为设计点对膨胀比的变化敏感度最低,图3-2(b)为以不同工况为设计点时效率随膨胀比的变化曲线,可以看到:当设计点选为30%工况时,随着膨胀比的升高,效率先小幅上升,之后呈现比较剧烈的下降趋势,效率最多下降了10%;当设计点选为100%工况时,随着膨胀比的升高,效率一直呈现上升的趋势,但在最低膨胀比时,效率只有71.2%;当设计点选为50%工况时,整体效率随膨胀比的变化基本平稳,在非设计点的效率幅值较低,表现最佳。

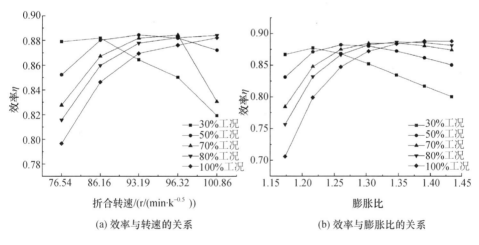

(a) 效率与转速的关系　　(b) 效率与膨胀比的关系

图3-2　选择不同工况为设计点时效率与转速、膨胀比的对应关系

综上所述,当选择50%工况为设计工况点时,不但可以保证设计工况下效率较高,而且在非设计工况也能保持相对的效率稳定,可以兼顾设计工况与非设计工况,具有较为良好的宽工况性能。因此,对变几何涡轮重新设计时,可以采用这种方法来对设计工况点进行合理选择。

## 2. 载荷系数和流量系数

涡轮低维气动设计空间中,确定涡轮基元级速度三角形的主要参数是设计成功的关键。因此,本小节主要讨论描述速度三角形的部分无量纲设计参数,例如载荷系数、流量系数等的选取规律。通过对四级动力涡轮进行多工况气动计算,分析在不同工况下载荷系数、流量系数和反动度三个无量纲设计参数的变化规律,为变几何涡轮的宽工况设计研究,提供低维设计参数的选取思路。

载荷系数定义为轮缘功与圆周速度平方的比值,其通常用来表征涡轮做功能力的大小。载荷系数过小,将会使得涡轮整体级数过多或者径向尺寸过大,导致涡轮叶片质量过大等一系列问题。载荷系数过大,将会使得流道中气流方向偏离轴线方向,这对单级或者多级涡轮的末级来说都是不希望看到的,它会引起过大的动能损失。同时,载荷系数过大,叶片的扭矩必然较大,以一定的轴向速度为前提,这将会产生更大的气流转折角,导致比较剧烈的端区二次流,进而降低动力涡轮的整体效能。图 3 - 3 为不同工况下动力涡轮各级载荷系数、流量系数的变化图。从图 3 - 3(a)中可知,同一工况下,动力涡轮第一级到第四级的载荷系数依次降低,可见第一级也就是可调导叶级所承担的扭矩最大。随着工况的降低,前三级载荷系数呈现上升的趋势,只有第四级呈现下降的趋势。相对而言,工况的改变,使得动力涡轮第一级载荷系数变化最为显著。因此,变几何涡轮重新设计时,低维空间中载荷系数的选取可以适当降低,以免较低工况时第一级导叶载荷系数过高,端区气流损失加剧。

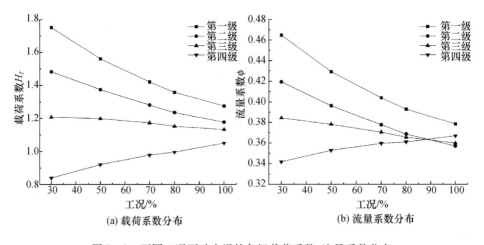

(a) 载荷系数分布　　(b) 流量系数分布

图 3 - 3　不同工况下动力涡轮各级载荷系数、流量系数分布

流量系数用来说明涡轮通流能力的大小，其定义为涡轮基元级绝对速度轴向分量与圆周速度的比值。一般来说，流量、转速等其他条件固定，较小的流量系数一般进口速度较低，所对应的涡轮叶型折转角较大，因而来流变化对其影响较为明显，易引起冲角的变化，并且，随着子午流道高度的相对增大，会使得叶型的摩擦面积增大，这有可能引起强度等方面的问题。同时，当流量系数过大时，叶片进口速度较高，同等条件下叶片的流通面积减小，所对应的子午流道高度自然降低，端区流动的范围相对变大，端区二次流效应增强。一般来说，大流量系数所对应的涡轮叶型折转角一般较小，进口速度高，叶片对来流的敏感度较低。

图3-3(b)为不同工况下动力涡轮各级流量系数的分布。从图3-3(b)中可知，流量系数的整体变化趋势与载荷系数变化相似。随着工况的降低，动力涡轮前三级流量系数均升高，第四级呈现下降的趋势。区别是在设计工况时，动力涡轮第四级的流量系数仅低于第一级，而第二级流量系数最小。因此，对变几何涡轮重新设计时，流量系数应选取相对小值，以降低涡轮端区二次流损失，从而提升涡轮低工况性能。

另外，变几何涡轮反动度及其径向分布、展向不同位置气动参数等的选取规律参见2.3节，在此不再赘述。

### 3.1.3 变几何涡轮低维气动设计参数优化

本小节通过上文对涡轮低维设计参数选取规律的细致研究，结合设计经验对原型动力涡轮第一级进行宽工况改型设计验证，提取了原动力涡轮第一级导叶1%、50%与99%叶高的三个叶型截面进行修改，修改完毕后采用与原叶型一致的重心积叠方式生成三维叶片，如图3-4所示。根据3.1.2节获得的设计参数选取规律，首先缩短叶片真实弦长，但轴向弦长基本不变，以此将载荷后移，而后调整叶型尾缘的偏转角，以降低低工况下动叶进口冲角，且随着叶高增加，偏转角调整的角度减小。同时，将50%与99%叶高截面处的叶型进行加厚处理，压力侧与吸力侧前半段厚度均增大，接近尾缘附近时，略小于原叶型，使优化叶型的最大载荷后移。而99%叶高截面的叶型与原叶型相比，叶型中部压力侧和吸力侧曲率与厚度增大，以保证导叶与动叶的流量匹配。由于叶型弦长变短，轴向弦长基本不变，第一级导叶的出气角增大，因此，为了避免与下游动叶不匹配，应该注意控制弦长的修改量。根据上文分析，低工况时近叶顶处涡轮进口正冲角较大，近叶根处涡轮进口正冲角较小，但如果贸然增加叶顶尾缘偏转角,会使得涡轮级间流量匹配失调。因此,通过增加变几何涡轮叶片根部尾缘偏转角,且其随着叶高的增加而逐步减小的方法来改善涡轮低工况气动性能。

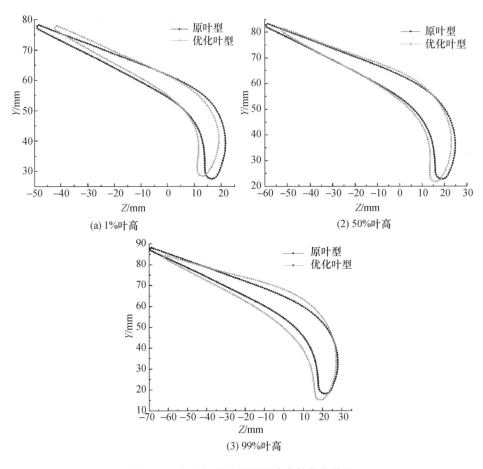

图3-4 变几何涡轮低维设计参数优化结果

图3-5(a)为导叶出口气流角沿径向变化规律,在低于50%左右叶高时,优化叶型气流角大于相同叶高位置处的原叶型,并且,优化叶型气流角随着叶高的降低而不断增大,原叶型气流角的变化幅值较小。同时,在近叶根处,气流角均出现突降的情况,整体变化趋势相近。在高于50%叶高时,优化叶型与原叶型随着叶高的增加整体变化趋势相近,但是,优化叶型气流角小于相同位置处原叶型。图3-5(b)为可调导叶下游动叶进口气流角沿径向的变化规律,在

低于60%叶高时,优化叶型气流角大于同一叶高位置处原叶型,优化叶型气流角变化范围与原叶型相比较小。同时,随着工况的降低相对气流角下降严重,此时,相对气流角的增加可以减小60%叶高以下范围的正冲角,因而使得叶片的宽工况性能得到提高。在高于60%叶高范围内,优化叶型气流角基本小于同一叶高位置处原叶型,优化叶型气流角变化范围与原叶型相近,在近叶顶处气流角缓慢增加,过渡平缓没有突变。由多工况下动力涡轮内部的三维流场可知,在近叶顶附近动叶处于正冲角状态,优化叶型在近叶顶间隙处相对出口气流角稍大于原始叶型,由此可以改善变几何涡轮内部的流动情况。

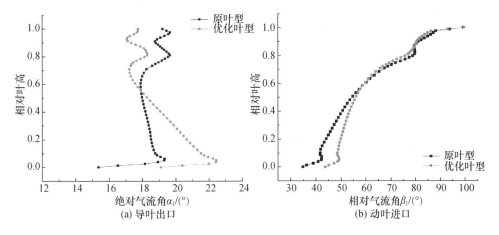

图3-5 变几何涡轮导叶出口、动叶进口气流角沿叶高分布

图3-6为可调导叶出口总压损失系数沿叶高分布对比,低于80%叶高的范围内,优化叶型的总压损失系数均小于原叶型,而且随着叶高的减小,对于总压损失的控制程度逐步增加;在80%~95%叶高范围,优化叶型的总压损失系数稍低于原叶型;95%叶高至叶顶范围,优化叶型的总压损失系数稍高于原叶型。总体上,优化叶型对于损失的控制明显优于原叶型,流动得到了一定程度的优化。

表3-1为五种工况下变几何涡轮低维设计参数优化结果,对于不同工况,改型涡轮效率较原始涡轮均有所提高,50%工况下效率最高提升了0.43%,100%工况下效率最低提升了0.33%。同时,改型涡轮流量相比原始涡轮的偏差在1%左右,对之后多级涡轮的匹配性能影响较小。至此,获得了一个对来流条件变化敏感度低,且具有一定宽工况性能的原始变几何涡轮总体方案。

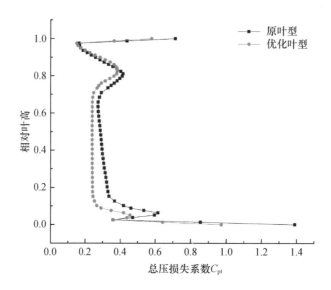

图3-6 可调导叶出口总压损失系数沿叶高分布对比

表3-1 变几何涡轮低维气动设计参数优化结果

| 工况 | 原始涡轮效率 | 改型涡轮效率 | 效率增幅 | 原始涡轮流量（与设计值之比） | 改型涡轮流量（与设计值之比） | 流量偏差 |
| --- | --- | --- | --- | --- | --- | --- |
| 30% | 92.6315% | 93.0082% | 0.41% | 0.64 | 0.64 | 0.92% |
| 50% | 93.0934% | 93.4951% | 0.43% | 0.77 | 0.78 | 1.02% |
| 70% | 93.4124% | 93.7796% | 0.39% | 0.87 | 0.88 | 1.07% |
| 80% | 93.5396% | 93.8845% | 0.37% | 0.92 | 0.93 | 1.23% |
| 100% | 93.7074% | 94.0123% | 0.33% | 1.00 | 1.01 | 1.31% |

## 3.2 适合变几何工作的涡轮叶型气动性能研究

变几何涡轮的特点在于其涡轮第一级导叶会随着工况的改变发生转动，因此对于变几何涡轮第一级导叶的要求就是在冲角改变的情况下仍然具有良好的气动性能，而后部加载叶型与其他载荷分布的叶型相比具有良好的冲角适应性，因此后部加载叶型在变几何涡轮叶片的设计中得到了广泛的应用。

## 3.2.1 变几何涡轮叶片型线特点

图3-7为某涡轮叶型的B2B流道，拟对此图进行几何分析。由于叶型中弧线的确定，使得图中弦长 $c$、节距 $t$、折转角 $\theta$ 以及弦与节距线夹角 $\varphi$ 已经确定。本叶型采取90°进气，所以进口角与节距线的夹角为90°，已知式(3-1)定量几何关系如下：

$$\frac{x}{\sin\alpha} = \frac{t}{\sin c} \Rightarrow x = \frac{t\sin\alpha}{\sin c} \qquad (3-1)$$

因此，$\alpha$ 的减小可以使得叶型载荷后移；$\varphi$ 为吸力面静压最低处切线与节距线的夹角，增加 $\varphi$ 可以使得载荷后移，即叶型中弧线后半段的角度越大，载荷越后移。下面将对五个几何进出口角度相同、最大厚度相同、节距相同的例子进行分析。

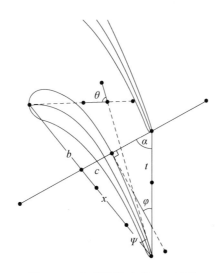

图3-7 典型涡轮叶型B2B流道

如图3-8所示，分析涡轮叶型50%~100%位置的中弧线角度分布和叶型表面静压分布的关系，可以发现当中弧线角度的绝对值越大，载荷越后移，这和上文的理论分析是一致的。

影响叶片叶型的几何因素主要有两个：叶型中弧线和叶型厚度分布。因此，叶型厚度分布对于其载荷分布也有着很大的影响，下面将分析厚度分布对叶型载荷分布的影响。将叶型简化成为三角形如图3-9所示。若折转角为

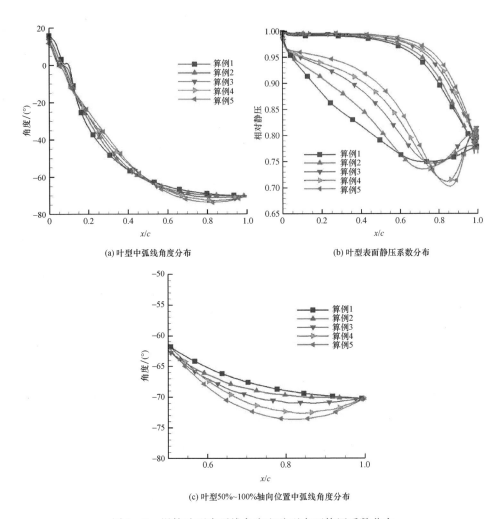

图3-8 涡轮叶型中弧线角度和叶型表面静压系数分布

0°,则如图3-9中粗线所示,设最大厚度位置位于沿弦长分布的 $p$ 处,载荷最大位置位于沿弦长分布的 $q$ 处;当折转角为0°时,叶型的喉部位置位于 $p$ 处,随着折转角 $\theta$ 增加,喉部位置也在逐渐后移。此处,定义弦长为 $t$,因此获得式(3-2)和式(3-3)定量关系。

$$q = p + \frac{t\sin\theta}{b}, q \leqslant 1 \qquad (3-2)$$

$$p \leqslant 1 - \frac{t\sin\theta}{b} \qquad (3-3)$$

因此，当 $p = 1 - \dfrac{t\sin\theta}{b}$ 时，载荷分布可以达到最大值。某叶型 $t/b = 0.58$，折转角为 $83°$，则 $p_{\max} = 0.427$。下面将对几何进气角、几何出气角和节距相同，但是厚度分布不同的叶片的表面静压分布进行验证分析。

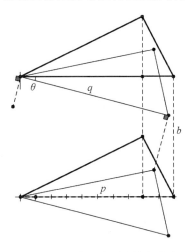

图 3-9　叶片最大厚度简化分布

图 3-10 表示的是将五种几何进气角、几何出气角和节距相同但厚度分布不同的叶型的表面静压分布作对比。算例 1 的最大厚度位于 20% 处，其最大载荷位置位于 75% 处；算例 2 的最大厚度位于 23% 处，其最大载荷位置位于 70%

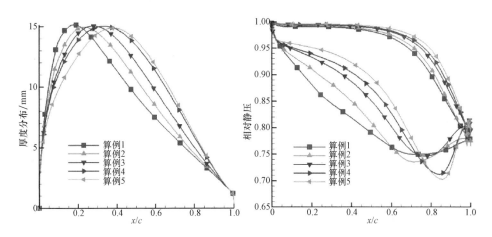

图 3-10　涡轮叶片厚度分布和表面静压之间的关联关系

处;算例 3 的最大厚度位于 32% 处,其最大载荷位置位于 80% 处;算例 4 的最大厚度位于 37% 处,其最大载荷位置位于 85% 处;算例 5 的最大厚度在 40% 处,其最大载荷位置在 87%。从图 3-10 可知,在一定的范围内,随着最大厚度的后移,叶片吸力面的静压最低处,即表面静压分布的最大载荷位置也在后移,从而验证了上文有关最大厚度位置和最大载荷位置关系的描述。

### 3.2.2 载荷分布对涡轮端部泄漏流动的影响

变几何涡轮相比定几何涡轮的另一个显著特征在于:由于其第一级导叶需要转动,因此其导叶的顶部和底部都会留下一定间隙,间隙的存在对涡轮导叶内的流动和涡轮级的效率都造成了很大的影响,分析载荷后移对间隙流动的影响可以为变几何涡轮叶片的设计提供必要的参考。

图 3-11 给出了涡轮叶片叶型两种载荷分布,后部加载叶型的吸力面压力在 65% 之前都高于原叶型,在 65% ~ 90% 之间低于原叶型,在 90% 之后再次高于原叶型,压力面的压力前 50% 处与原叶型差别不大,50% 以后开始高于原叶型,90% 以后又与原叶型差别不大。因此,前 60% 处的横向压力梯度更小,后 40% 横向压力梯度更大。因此,后部加载叶型前 60% 的横向二次流小于原叶型,可以有效地降低横向二次流损失。此外,后部加载叶型吸力面的顺压力梯度在达到最低压力点之前皆小于原叶型,在最低压力点之后,后部加载叶型吸

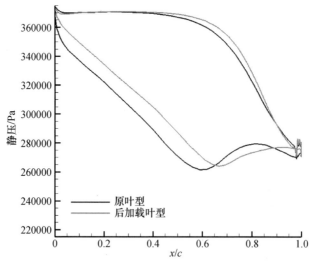

图 3-11 涡轮叶片叶型两种载荷分布

力面的逆压力梯度比原叶型大。在涡轮叶型压力面上,前50%顺压力梯度与原叶型相比略有减小,50%之后顺压力梯度略有增大,整个压力面都是顺压力梯度,因此压力面附面层在顺压力梯度作用下可能始终保持为层流状态,而后部加载叶型的吸力面逆压力梯度小于原叶型,这样可以有效地减小湍流区的长度。分析原叶型和后加载叶型的载荷分布特点,可以看出后部加载叶型流道内的压力梯度在达到吸力面最低点之前小于原叶型,但是在最低压力点之后急剧膨胀,压力梯度大于原叶型。由于前半段的横向压力梯度比较小,所以后部加载叶型可以有效地减小横向二次流动,而后半段的压力梯度增大,使得燃气快速膨胀、速度加快,这对于减小涡轮叶型附面层的气动损失也是有益处的。

图3-12和图3-13给出了涡轮根部和顶部叶型截面静压分布。从图3-12中可以看出,在压力面侧顺着压力面有很密集的静压等值线,这说明这里存在很大的压力梯度,附近的流体由于压力梯度的存在,被挤到间隙内,急剧膨胀,压力急剧下降。后部加载叶型的静压等值线分布没有原叶型密集,向上下游延伸的范围更大,且位置更加靠后,这说明后部加载叶型的流体膨胀没有原叶型严重,但是产生膨胀的范围更大一些。在吸力面侧,两种叶型在喉部附近

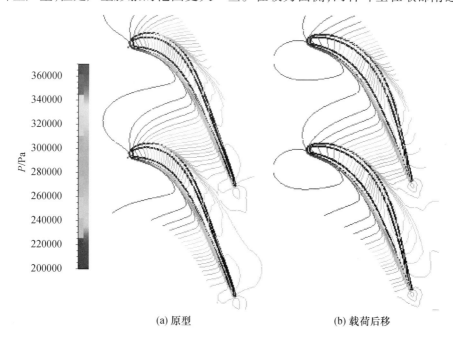

(a) 原型　　　　　　　　(b) 载荷后移

图3-12　涡轮根部叶型截面静压分布

也都存在一个低压区,后部加载叶型的低压区范围更大,且静压等值线分布更加密集,可见流体在流出间隙的时候又发生了膨胀,这是由于流体在流出间隙的时候泄漏流与二次流发生相互作用,导致流体分离所致。从叶型喉部到出口段,由于逆压力梯度的存在,将会对这种流体分离产生更大的影响,后部加载叶型由于逆压力梯度较短,分离的程度会小于原叶型。此外,由于惯性力的作用,流体于间隙内的流动在叶型前半段是从吸力面流入间隙再从吸力面流出间隙,而在叶型后部,流体却是从压力面流向吸力面,这就说明在叶型的后部,压力梯度对流动的影响大于惯性力的作用。后部加载叶型由于最大载荷靠后,其压力梯度对流动的影响会小于原叶型。从图 3-13 中也可以看到相似的现象,在此不再赘述。

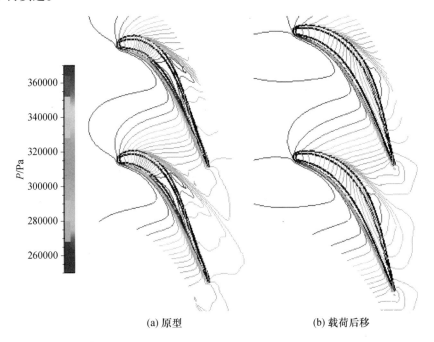

(a) 原型　　　　　　　　(b) 载荷后移

图 3-13　涡轮顶部叶型截面静压分布(见彩图)

图 3-14 给出了不同载荷分布下叶片出口气流角沿叶高分布的对比曲线。通过不带间隙的原始叶片和后加载叶片出口气流角相比,在叶高 0~60% 处后加载叶片的出口气流角更小,而在 60% 以上的部分二者出口气流角相当。因此,分析沿叶高分布的 60% 以上的带间隙叶片的出口气流角有参考价值。通过分析有间隙的叶片和没有间隙的叶片的出口气流角曲线发现:间隙的存在使叶

片出口气流角发生了显著改变,尤其是两端的出口气流角明显变大,而这种变化就是由于间隙泄漏所致。间隙的存在使得端壁附近的气流欠偏转,气流角增大,且根部气流角的变化大于顶部,这说明因为叶根处流体流速小于叶顶处,叶片根部的惯性力比叶片顶部更小。

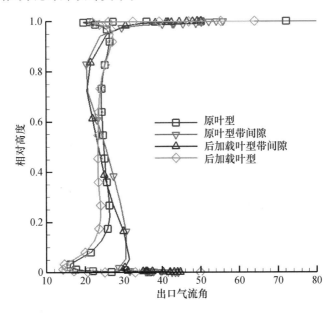

图 3-14 不同载荷分布下叶片出口气流角(度)沿叶高分布对比

而分析图 3-14 所示原始叶型和后加载叶型的出口气流角分布,可以发现在叶高 80%~100%处后加载叶型的气流角大于原叶型,这说明后加载叶型的惯性力和压力差的比值小于原叶型。另外,对于叶片根部 0~10%的出口气流角分布,不带间隙的后加载叶型小于原叶型,但是带间隙的后加载叶型出口气流角大于原叶型,这说明根部后加载叶型的出口气流角变化更大,这是因为根部惯性力的影响更小,压力差对气流角的影响更加明显所致。

图 3-15 给出了不同载荷分布下叶片内部损失发展对比,在原叶片和载荷后移叶片的 25%、50%和 95%轴向位置截取三个截面,图的左侧为吸力面,右侧为压力面。观察叶片总压损失随着叶型弦长的发展,可以很清晰地看出损失的发展情况。随着流动向下游发展,吸力面顶部和根部附近的总压损失也在增大,并且总压损失等值线所形成的范围也在增大,叶片流道里最大总压损失处也在向流道中心发展。可以明显看出原叶片在 50%处顶部间隙和底部间隙的

总压损失比后加载叶片更大,在100%处原叶片的总压损失同样大于后加载叶片,这说明后加载叶片有效地减小了间隙处的总压损失,尤其是叶片前半段的总压损失,后加载叶型明显小于原叶型。将叶片顶部间隙处的总压损失和底部间隙的总压损失做对比,可以发现底部间隙的总压损失比顶部间隙更大,这是因为离心力的作用,底部流体的速度更慢,附面层比顶部更厚,因此造成的总压损失更大。如图3-16所示,可以发现间隙的存在确实在很大程度上增大了总压损失。但是通过分别对比原叶型和原叶型加间隙算例,以及后加载叶型和后加载叶型加间隙算例,可以发现间隙的存在对后加载叶型的影响更小。对比带间隙的两种情况,发现原叶片和后加载叶片在40%以前的总压损失很接近,但是在40%以后,原叶片的总压损失开始快速上升,而后加载叶片在60%以后开始快速上升,与原叶型的总压损失的差距越来越小。不过后加载叶片的总压损失一直小于原叶片。

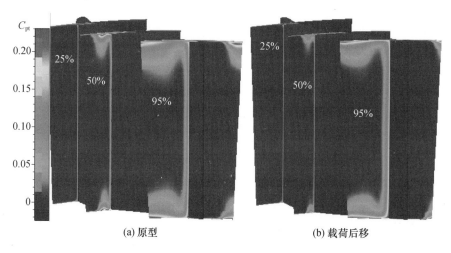

图3-15　不同载荷分布下叶片内部损失发展对比(见彩图)

### 3.2.3　涡轮叶型的变几何特性

涡轮叶型绕其旋转中心转动,满足图3-17(a)所示的转角计算公式,且其转动位置变化如图3-17(b)所示。其中0°方案为基准参照模型,旋转中心所在的位置在$z$-$y$坐标系的(0,0)位置。这一模型通过绕转轴旋转也就得到了其他旋转角度的计算模型。导叶绕转轴旋转之后绝对坐标发生改变,旋转之后的坐标计算公式如式(3-4)和式(3-5)所示:

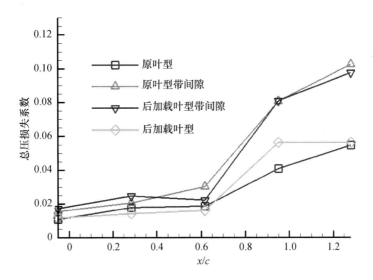

图 3-16　涡轮叶片流道内损失发展情况对比

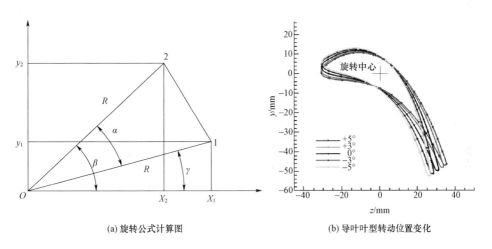

(a) 旋转公式计算图　　　　　　　　(b) 导叶叶型转动位置变化

图 3-17　可调导叶转动示意图

$$x_2 = R\cos\beta = R\cos(\alpha + \gamma) = R\cos\alpha\cos\gamma - R\sin\alpha\sin\gamma \quad (3-4)$$

$$y_2 = R\sin\beta = R\sin(\alpha + \gamma) = R\sin\alpha\cos\gamma + R\cos\alpha\sin\gamma \quad (3-5)$$

$$\sin\gamma = \frac{y_1}{R} \quad (3-6)$$

$$\cos\gamma = \frac{x_1}{R} \quad (3-7)$$

$$\begin{cases} x_2 = x_1\cos\alpha - y_1\sin\alpha \\ y_2 = x_1\sin\alpha + y_1\cos\alpha \end{cases} \qquad (3-8)$$

五种转角下的叶片径向方向截面示意图如图 3-17(b) 所示。将导叶喉部面积开大的旋向定义为正方向即逆时针方向,如图中 +5°、+3° 方案;将导叶喉部面积减小的旋向定义为负方向即顺时针方向,如图中 -3°、-5° 两种方案。

表 3-2 为转动角度后各个叶栅转动方案的泄漏量、泄漏率和出口 10% 轴向弦长(即 110% 轴向位置)截面总压恢复系数的比较。随着转角由 -5°、-3° 逐渐增至 +3°、+5°,喉部面积增量随转角变化如图 3-18(a) 所示,可以看出喉部面积增量基本呈现线性关系。当转角为 -5°、-3° 时喉部面积相比于 0° 方案喉部面积变化为 -9.58% 和 -5.7%,当转角为 +3°、+5° 时喉部面积相比于 0° 方案喉部面积变化为 +5.56% 和 +9.18%,从而导致叶栅出口质量流量在转角由负转到正时不断增大,如图 3-18(b) 所示,这是由于叶栅的喉部面积逐渐开大的原因。

表 3-2 五种方案泄漏量、泄漏率和出口 10% 轴向弦长截面总压恢复系数比较

| 方案 | Ⅰ方案<br>(-5°转角) | Ⅱ方案<br>(-3°转角) | Ⅲ方案<br>(0°转角) | Ⅳ方案<br>(+3°转角) | Ⅴ方案<br>(+5°转角) |
|---|---|---|---|---|---|
| 质量流量/(kg/s) | 0.296 | 0.316 | 0.367 | 0.402 | 0.427 |
| 泄漏量/(kg/s) | 0.00348 | 0.00341 | 0.00348 | 0.00324 | 0.00322 |
| 泄漏率 | 1.180% | 1.172% | 0.947% | 0.807% | 0.755% |
| 总压恢复系数 | 0.979 | 0.980 | 0.982 | 0.985 | 0.987 |

在导叶转动的过程中,通过间隙流出吸力面的泄漏流质量流量在很小的范围内变化,泄漏率也有减小的趋势,如图 3-18(c) 所示,从方案Ⅰ到方案Ⅴ,泄漏率绝对量减小约为 0.6%,泄漏率相对值减小约 36%。由于涡轮叶栅通道是收敛的,高温高压气体在通道内充分膨胀,导叶正方向旋转会使喉部面积增大,叶栅尾缘处的堵塞程度会有所缓解。若导叶反方向旋转,通道喉部面积减小,叶栅尾缘的堵塞程度会进一步恶化,从而带来更大的损失。所以在图 3-18(d) 给出的叶栅出口 10% 轴向弦长位置总压恢复系数中可以看出,若导叶在正向旋转(0~+5°)的过程中,总压恢复系数的一阶导数即斜率明显大于导叶反向旋转(0~-5°)过程中总压恢复系数斜率值。

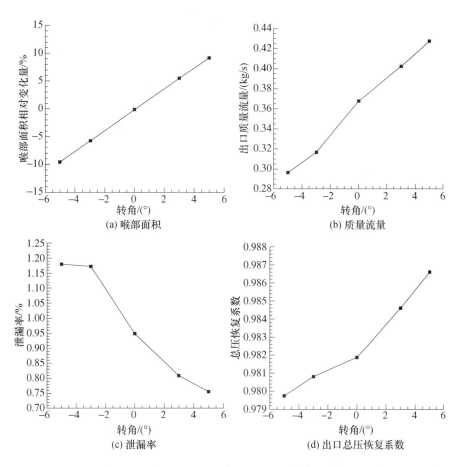

图3-18 导叶喉部面积、质量流量、泄漏率及出口总压恢复系数随导叶转动变化规律

## 3.3 大子午扩张变几何涡轮三维气动设计方法

### 3.3.1 常规涡轮三维压力可控涡设计

涡轮效率与通流部分的流动性能是紧密相连的,而通流部分的性能又取决于叶栅的气动特性。因此,如何更好地设计涡轮叶栅,减少导叶和动叶损失,就成了高性能涡轮研究的热点。一般地,叶栅内的能量损失可以分为叶型损失和端部损失两大类,其中端部损失又可细分为二次流损失和间隙泄漏损失。叶型损失主要与叶片表面附面层的流动形态及其是否有分离密切相

关,而端部损失主要与端壁附近的二次流有关,包括端壁附面层的增长和各种旋涡分离等引起的损失。这两部分损失在很大程度上受叶栅中三维压力场的影响,而涡轮叶栅内损失的减小可归因于叶片表面压力的重新分布,这使我们有理由相信,如果能改变叶栅通道内的压力分布,就可以在叶栅通道内建立一种新的压力平衡,相应的通道涡发展及其他二次流损失均会受到影响。基于此,作者提出了一种能综合流面变化和压力控制的压力可控涡设计方法,在此基础上建立了高性能涡轮叶栅设计框架,并采用此设计方法,对某低压涡轮第一级进行了重新设计,最后运用数值模拟验证了所设计的涡轮级性能。

作者提出的三维压力可控涡设计框架如图3-19所示,该设计框架主要由三维压力控制和压力可控涡设计两部分组成。其中三维压力控制主要通过控制径向、流向以及周向方向上的压力梯度,形成上述区域有利的压力梯度,获得叶片表面压力的重新分布,以期在叶栅通道内建立一种新的压力平衡。利用这一设计思想可以改变叶栅内的三维压力场,使各个方向的压力梯度合理匹配,从而使各个截面均处于最佳流动状态,可以有效地控制附面层的分离与增厚,减少叶型损失。压力可控涡则是有目的地改变主流沿叶高的分布,从

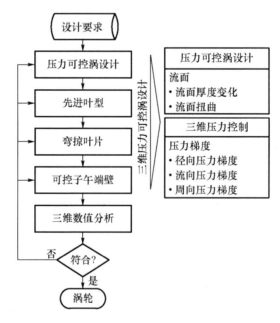

图3-19 三维压力可控涡设计框架

二次流生成的角度出发,合理地组织端壁及叶片表面附面层的流动形态。通过改变流面厚度利用流面挠曲抑制叶片表面及端壁附面层的发展,从而降低叶栅流动损失。尽管压力可控涡设计是建立在一维和二维通流设计的基础上,但对三维流动产生的影响也比较明显。如果再结合先进叶型、弯扭联合成型以及可控子午端壁等综合优化方法则可以进一步提高涡轮效率,这对高性能涡轮设计是非常有益的。在涡轮设计完成之后还需要采用数值模拟或者试验对其进行验证。通过与原型涡轮的等熵效率、流量和功率进行比较,判断是否达到设计要求,进一步再验证流场是否符合设计预期。另外,成熟的准三维方法设计的涡轮效率已经很高,但仍然无法满足人们对更高性能涡轮的追求,而考虑黏性的气动设计在短期内又很难实现,尚有很多理论问题未得到有效解决,所以只能通过完善现有的设计方法来改进涡轮。因此,三维压力可控涡设计可以说是处于无黏设计向有黏设计这一过渡阶段的一种设计思想。

原型涡轮为某燃气轮机动力涡轮第一级。由于原型涡轮负荷比较大,径高比相对较小,机匣子午扩张角比较大,涡轮级内部流动的三维效应较强,再加上涡轮级本身效率就很高,以至于很多学者采用弯掠叶片、前掠宽弦叶片、叶栅局部修型以及子午端壁造型等手段对该类涡轮进行设计改进都没能取得预期的效果。为了进一步提高涡轮性能,本小节试图通过采用三维压力可控涡设计对原型涡轮导叶和动叶进行重新设计,以减小流动过程中不利的因素,从而提高涡轮效率。另外,出于保证涡轮功率和叶片强度等的考虑,原型涡轮叶栅子午流道、叶栅轴向弦长、叶片最大厚度、叶片数目、叶片积叠线等均不发生改变。

图 3-20 为轴向速度及质量流量在压力可控涡设计涡轮级中的变化,这种变化仍然体现在导叶和动叶之间。压力可控涡设计的涡轮级进口和出口仍采用等质量流量的设计规律,此时 $\rho A c_z$ 沿叶高保持为常数,由于面积 $A$ 随半径的增加而增加,级内轴向分速 $c_z$ 自叶根至叶顶逐渐减小,而密度 $\rho$ 将随半径的增加而增加。在压力可控涡级内,尽管轴向分速 $c_z$ 自叶根至叶顶逐渐减小,密度 $\rho$ 也随半径的增大而增加,但是 $c_z$ 下降的速度大于 $\rho$ 增加的速度,其结果是质量流量 $\rho A c_z$ 将沿叶高自根部至顶部逐渐减小。换言之,叶片根部的通流能力将大于顶部,即 $\rho_h A_h c_{z,h} > \rho_t A_t c_{z,h}$。从图中可以看到,相对于等质量流量的轴向速度分布而言,压力可控涡设计的轴向速度在叶展上端减小、下端增大,从而保证了流量连续。

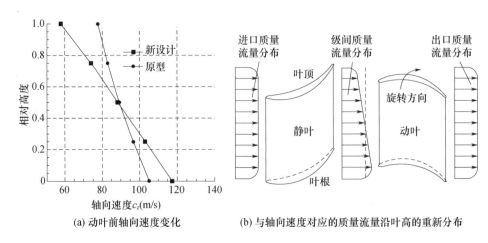

(a) 动叶前轴向速度变化　　(b) 与轴向速度对应的质量流量沿叶高的重新分布

图 3-20　压力可控涡设计涡轮级内轴向速度与质量流量变化

图 3-21 为压力可控涡设计前后导叶与动叶间隙中静压沿径向的重新分布,可见导叶出口上端壁区域静压降低,导叶顶部负荷提高;导叶出口下端壁区域静压升高,导叶根部负荷降低。压力可控涡设计显著地改变了导叶出口压力沿叶高的变化规律,最终使得导叶出口具有较小的径向压力梯度,这可以看成是压力可控涡设计的一个重要特征。压力可控涡设计的总体效果是在导叶与动叶之间提供一个有利的压力分布,使得导叶出口气流参数趋于均匀。尽管常规可控涡设计方法也能对径向压力梯度产生影响,但改变幅度十分有限,并不能像压力可控涡设计那样显著改变。从图 3-21 可以直观地看到,径向压力梯度的改善不仅带来导叶与动叶负荷的重新分配,减缓流向的压力梯度,同时导

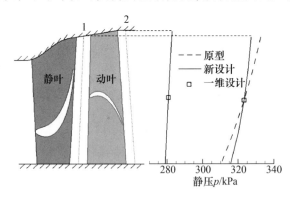

图 3-21　动叶前后静压分布

叶负荷的改变还会影响周向压力梯度。到现在为止,压力可控涡设计还仅仅是控制径向压力梯度,而上文提到的三维压力可控涡设计可以控制径向、流向和周向三个方向的压力梯度,因此还需要结合先进叶型技术、弯掠叶片以及可控子午端壁等综合优化方法对压力进行进一步控制。由于先进叶型技术仅能改变涡轮级内的流向和周向压力梯度,对径向压力梯度以及流面沿叶高的变化并没有太大影响,流场相对比较简单,加上现今关于先进叶型技术的成功经验相对较多,理解起来也比较容易,因此本小节选择了先进叶型技术对涡轮叶栅进行重新设计。本小节拟从正问题分析的角度出发,在导叶设计问题上借鉴后加载叶型的一些先进成果。通过将后加载叶型与压力可控涡设计结合起来,以期有效地控制涡轮叶栅流道内径向、流向和周向三个方向的压力梯度,从而起到削弱二次流强度的作用。

在本小节的研究中,分别选取0、25%、50%、75%和100%五个叶高处的叶型截面对导叶和动叶进行参数化设计。图3-22为三维压力可控涡设计前后导叶与动叶三维几何外形对比情况。原型导叶为前缘积叠,动叶为重心积叠,新设计的叶片积叠规律和原型相同。从图中可以看到,新设计的导叶具有反扭的特征。相比于原型,导叶顶部转角减小,根部转角增大,从而具有将主流压向根部的趋势。新设计的动叶改动相对较小,除扭曲程度略有减小外,其他几何参数基本不变。可见,三维压力可控涡设计主要针对的是导叶改型。此外,和原型导叶相比,新设计导叶前缘厚度略有增大,可以改善冲角特性,对叶型损失的影响不大。新设计导叶尾缘弯度在根部减小,在顶部增大。另外,三维压力

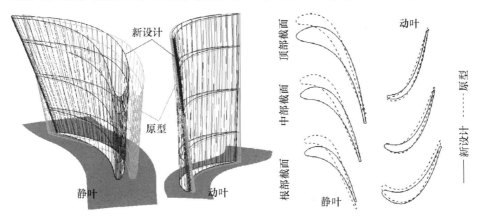

图3-22 原型和新设计叶片形状及其各叶片截面

可控涡设计的导叶适当缩短了导叶弦长,有效地增加了导叶的展弦比,有利于降低叶型损失和二次流损失。新设计动叶叶型看起来比较光顺,厚度和原型基本相当,动叶弯度沿叶高变化也不是很明显。

表 3-3 给出了三维压力可控涡设计前后涡轮总体性能参数,采用三维压力可控涡设计后的涡轮性能得到明显提升。涡轮等熵效率从 92.51% 提高到 93.27%。相对于原型涡轮来说,新设计涡轮效率提高了 0.832%,而流量和总压比与原设计保持在同一水平。此外,其他性能参数如扭矩和输出功率等也相应提高,提高幅度达 0.61%。和压力可控涡设计类似,三维压力可控涡设计的涡轮级由转子产生的轴向推力也有所下降,大约降低了 0.84%。

表 3-3 压力可控涡设计前后涡轮总体性能参数

| 类型 | 原型 | 新设计 | 增量/% |
| --- | --- | --- | --- |
| 质量流量 $G/(-)$ | 1 | 1.0010 | 0.104 |
| 总压比 $\pi^*/(-)$ | 1 | 1.0009 | 0.09 |
| 等熵效率 $\eta/(-)$ | 1 | 1.0083 | 0.832 |
| 静压比 $\pi/(-)$ | 1 | 1.0000 | 0 |
| 功率 $N/(-)$ | 1 | 1.0062 | 0.617 |
| 扭矩 $M/(-)$ | 1 | 1.0061 | 0.613 |
| 推力 $F/(-)$ | 1 | 0.9916 | -0.835 |

图 3-23 为导叶与动叶出口相对气流角沿叶高的分布,数值计算结果与设计值在相当大范围内吻合较好,只是在叶栅端部存在明显差异,这主要是由端壁附面层在吸力面角区堆积所致。这部分在吸力面角区堆积的附面层迫使主流由吸力面向相邻压力面方向发生偏转,使得实际出口气流角增大,从而造成气流折转角减小、做功能力下降。受大子午扩张机匣的影响,导叶顶部出口气流角计算值与设计值的偏差明显比根部大,最大偏差达 2°~3°。同时动叶出口气流角沿叶高的变化与原型设计一致,这对多级涡轮设计和多级涡轮模块化设计是非常有益的,不会改变原型涡轮在多级环境下的匹配特性。此外,从图 3-23 上还可以看到,原型涡轮采用了常规可控涡设计方法。如果忽略大子午扩张及端壁二次流对出口气流角的影响,原型涡轮导叶出口气流角沿叶高基本不发生变化,原型导叶则可以看作是采用了等 α 角的设计规律。

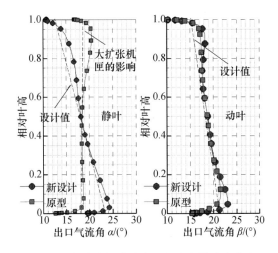

图 3-23 导叶与动叶出口气流角沿叶高分布

图 3-24 比较了原型和新设计导叶在10%、50%和90%三个叶高处的叶片表面静压分布。从图上来看,新设计导叶吸力面最低压力点的位置由50%~55%轴向弦长处推移至75%~80%轴向弦长处,载荷明显后移。相对原型来说,新设计导叶吸力面顺压梯度段明显增大,有利于附面层保持附着状态,有效控制了尾缘扩散程度。与之相对应的压力面静压值则始终保持在一个较高水平,并尽可能地维持到叶栅出口,这使得载荷分布更趋于后加载,气流在压力面上的加速降压主要集中在尾缘附近20%相对弦长范围内。总的来说,最大负荷发生在叶栅后半段区域内,在叶栅通道前半部区域内,压力面与吸力面压差较小。可以说,导叶采用后加载设计是非常成功的。从图上还可以看到,在原型和新设计导叶叶顶吸力面50%轴向弦长处,均存在一个无法避免的压力突升,使得叶栅中部静压升高,这是由于子午流道外端壁扩张角比较大所造成的。由于子午流道沿流向方向急剧扩张,致使一部分气流来不及膨胀,从而使得气流进入导叶后压力升高。可见,子午流道形状对三维流场产生的影响非常大,会引起近端壁区横向压力梯度明显变化。原型导叶喉部位置正好处于这个压力回升区,容易使附面层产生分离或者使附面层提早发生转捩,严重影响涡轮叶片的做功能力。因此在涡轮设计过程中,应尽量避免流道大子午扩张。对于新设计导叶,由于叶栅收敛性增大,载荷发生明显后移,有效地错开了由子午通道扩张而导致的压力回升区。尽管顶部截面压力仍有上升,然而新设计导叶保证了叶栅具有足够的膨胀能力,从而使得吸力面最低压力点压力值足够低。

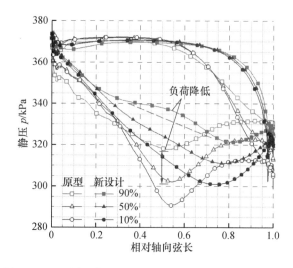

图3-24 不同叶高原型与新设计导叶叶片表面静压分布

三维压力可控涡设计的三维压力控制效果是显而易见的。从图3-24可以看到,受导叶载荷重新分布的影响,新设计导叶顶部出口静压降低,根部出口静压升高,减小了轴向间隙内的径向压力梯度,为下游动叶提供了比较均匀的压力场。载荷后移又使得新设计导叶吸力面在流向方向上位于50%~80%轴向弦长区间处于顺压梯度,可以有效推迟附面层的转捩。相比于原型,新设计导叶吸力面喉部以前压力提高,喉部以后压力下降,从而在导叶叶栅前、后段形成了有利的流向压力梯度,为减小叶型损失创造了有利条件。同时新设计导叶吸力面最低压力点的压力值在根部、中部及顶部截面位置均有增大,使得叶栅通道内喉部位置处的横向压力梯度降低,叶栅前段的横向压力梯度也随之减小,遏制了端壁附面层内低能流体向吸力面的传输以及通道内二次流的发展。综合以上分析,三维压力可控涡设计的效果不仅可以控制导叶与动叶叶栅轴向间隙内沿径向的压力梯度,还可以控制叶栅通道内沿流向和周向两个方向的压力分布,从而达到降低叶型损失和控制二次流的目的。

图3-25比较了原型和新设计动叶叶片表面静压分布。受新设计导叶的影响,新设计动叶顶部进口平均静压有所下降,根部进口平均静压有所提高。动叶顶部进口平均静压降低导致叶顶前缘负荷下降,顶部前缘通道内的横向压力梯度降低,有利于控制二次流和叶顶间隙泄漏流的前期发展。根部进口静压升高使得叶根负荷整体都有所增加,动叶根部的做功能力增强。从总体上来

看,新设计动叶在整个叶高方向上轴向载荷较原型更往后移,吸力面最低压力点压力也明显降低。吸力面最低压力点位置由 65% 轴向弦长处向后推移至 82% 轴向弦长处,使得吸力面顺压梯度段长度增加,从而有效地削弱了动叶尾缘的扩压程度。此外,原型动叶吸力面后半段静压分布存在较小的波动,使得尾缘出气边压力基本保持不变,这表明该处气流流动很不稳定,可能存在气流局部分离。新设计动叶不仅有效地消除了该区域内的不稳定流动,还使吸力面加速段加速更为均匀,扩压段扩压更为顺畅。

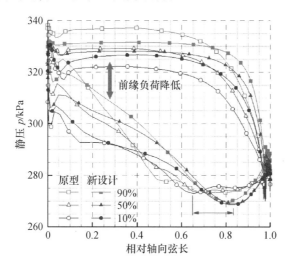

图 3-25　不同叶高原型与新设计动叶叶片表面静压分布

图 3-26 为三维压力可控涡设计前后动叶压力面极限流线图谱,在原型动叶压力面前缘上半部分,出现了分离泡,呈现负冲角流动,气流在距叶片前缘 5% 左右轴向位置处发生分离,并再附于约 15% 的轴向弦长位置。由于分离泡尺度较小,对涡轮气动性能的影响不是很大。借助于三维压力可控涡的重新设计,压力面上的流动分离得到了有效控制,冲角也随之减小,这可以从叶片表面极限流线看出。同时,压力面表面流动形态也与原型动叶有较大的变化。原型动叶除前缘分离泡以及叶栅两端附近的流线向端壁方向偏转外,压力面上的流线基本上是平行于上下端壁。新设计动叶压力面除下端壁附近流线向端壁偏转外,其余流线均大幅向叶顶方向偏移,并且下端壁附近流线偏转幅度也明显减小,这也意味着叶片表面的径向流动和传统二次流方向相反。叶片表面极限流线也表征了由三维压力可控涡设计引起的附面层沿压力面自根向顶的径向

运动,这种径向运动不仅可以消除附面层在压力面下端壁角落内的堆积,也可以减少下端壁自叶片压力面向吸力面流动的横向二次流动。

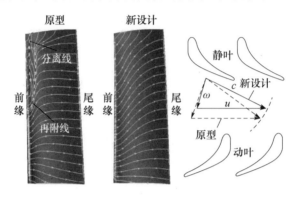

图 3-26 压力面极限流线和动叶上端部速度三角形

图 3-26 右侧的速度三角形较好地说明了三维压力可控涡设计对导叶与动叶匹配性能的积极影响。原型涡轮由于是大子午扩张设计,顶部通流面积沿流向剧烈增加,使得导叶叶栅流道收缩度不足以弥补子午流道的扩张,致使导叶顶部通过的流量增大,出口轴向速度 $c_z$ 急剧增加,与之对应的进入到下游动叶中的相对速度 $\omega$ 的入射方向则会滑移至动叶吸力面侧,从而造成了下游动叶负冲角流动。在这种情况下,欲改善动叶顶部冲角特性,一个最直接、最有效的办法就是减少导叶顶部出口轴向速度 $c_z$。三维压力可控涡设计就是通过减少涡轮级内顶部区域所占流量的百分比来减小轴向速度 $c_z$。三维压力可控涡设计不仅进一步增强了叶栅流道的收缩度,抵消了一部分子午流道扩张所带来的负面影响,还提高了动叶入口相对气流角,消除了动叶不利的气流冲角。综上所述,三维压力可控涡设计不仅可以改善大子午扩张涡轮的流动特性,还可以提高大子午扩张涡轮导叶与动叶的匹配特性。

图 3-27 给出了导叶与动叶吸力面极限流线图谱,从该图可以看到三维压力可控涡设计叶片表面的流动特性。当流体流经具有突扩端壁的导叶时,受沿流动方向气流运动的惯性作用,气流不能立即充满整个叶栅顶部区域。一旦气流进入叶栅通道后,导叶顶部吸力面附面层迅速增厚,并在顶部形成如图 3-27 所示的大尺度分离,导叶顶部的能量损失因此急剧增加。此外,受三维压力可控涡的作用,导叶和动叶吸力面低能流体自根向顶的运动趋势明显减小,相反地吸力面低能流体自顶向根的运动趋势得到增强。图 3-27 中流线及三维分

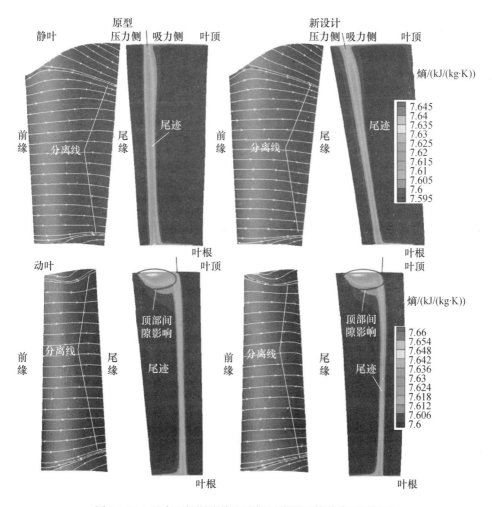

图3-27 吸力面极限流线和叶栅尾缘平面熵分布(见彩图)

离线的倾斜程度可以清楚地说明这一点。新设计叶片下端壁通道涡尺度有所削弱,而上端壁通道涡获得充分发展的机会明显增大。然而,导叶顶部通道涡尺度和原型相比变化并不是很明显,这主要是由于三维压力可控涡设计改善了导叶顶部的膨胀特性,削弱了导叶顶部扩压流动的缘故。图3-27还给出了近叶片尾缘出口截面的熵分布,原型导叶上端壁附近损失发生范围较下端壁附近明显要大很多,这是因为上端壁大子午扩张使得端壁附面层增长较快,积聚了大量的低能流体,形成了较大尺度的通道涡,导致了更多的损失。近叶片尾缘出口截面也可以看成是尾迹发生区域。受三维压力可控涡设计的作用,新设计导叶具有强烈的尾缘倾斜特征,因此其尾迹没有沿着径向分布,而是有所倾斜。新设计导叶顶部损失区域较原型导叶稍有增宽,但核心损失区的熵值相比原型略有减小。除导叶顶部区域外,其余区域的尾迹宽度和强度均明显小于原型。对比叶栅吸力面下端壁处的熵分布可以看到,新设计叶栅吸力面角落处的损失区域所占据的范围缩小,下端壁附近低能流体也明显减少。

从动叶尾缘出口截面的熵分布来看,显然动叶损失最大来源是顶部间隙泄漏流,并且该损失区域占据了 0.6 个节距宽度,并波及 18% 的展向范围。这是由于动叶顶部反动度(原型涡轮约为 0.6)和顶部间隙尺寸(为 1mm)比较大的缘故。一般说来,涡轮级顶部反动度降低,动叶间隙泄漏损失必然降低,然而事实上并不是如此。从图 3 - 27 可以看到,在三维压力可控涡设计前后,动叶顶部间隙所占据的损失区域在叶高和节距方向上几乎不变,并且对应的损失最大值也没有变化。因此可以推测出:压力可控涡设计对具有大子午扩张的涡轮动叶顶部泄漏损失并不能起到很好的控制作用,反过来也说明大子午扩张对涡轮动叶顶部泄漏流动有较大影响。

图 3 - 28 给出了导叶与动叶周向平均总压损失系数 $C_p$ 以及涡轮级等熵效率 $\eta$ 沿叶高的分布。对于导叶,上半叶高出口气流角的变小和安装角的增大,使得叶栅顶部气流折转角增大,做功能力提高,损失随之增加。而下半叶高出口气流角的变大和安装角的减小,则使得气流折转角减小,燃气做功能力下降,流体流过导叶根部的损失降低。由于新设计导叶采用了一些后加载叶型的设

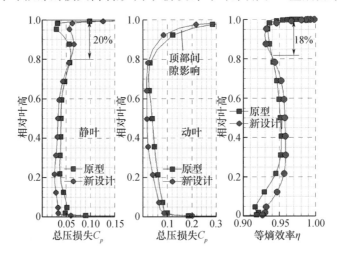

图 3 - 28 三维压力可控涡对总压损失和等熵效率沿叶高分布的影响

计规律,因此导叶叶型损失进一步降低,使得顶部原本因负荷增大而造成的性能恶化范围有所减小,即由原始的50%缩小至20%。然而叶型损失的减小仍不足以抵消顶部区域因负荷增大而导致的损失增加。对于动叶,新设计叶片总压损失系数沿整个叶高都是降低的,可见压力可控涡设计对动叶流动改善起到的作用是非常积极的。尽管动叶叶栅的几何改动并不如导叶那么大,然而动叶损失降低的效果却是非常明显的。

图3-28还对原型和新设计涡轮等熵效率沿径向的分布进行了比较。涡轮等熵效率分布和导叶中总压损失分布比较类似,可见涡轮级效率提高是以牺牲导叶顶部气动性能为代价的。显然,总收益远大于亏损,最终涡轮效率大幅提升。新设计涡轮效率从叶根至82%叶高范围内均有很大的提高。总体上,新设计涡轮在导叶和动叶中性能都有所提升,并且涡轮效率的提高充分肯定了三维压力可控涡设计的可行性。对比导叶与动叶相对总压损失沿叶高的分布可以看到,尽管三维压力控制对导叶的性能有所改善,但涡轮性能的提升主要还是来自于动叶。由于原型涡轮等熵效率已经很高,单纯从降低叶型损失的角度来提高涡轮效率的潜力也是非常有限的。

### 3.3.2 大子午扩张涡轮端区流动特点

随着涡轮叶片设计技术的不断提高,涡轮叶片设计朝着高效率、高负荷方向发展。高的叶片列载荷导致了叶片的大转角,大转角叶型设计导致高的叶型损失。通过增大涡轮子午通道扩张角可以有效减小叶型转角,这使得变几何涡轮具有大扩张通道特性。然而,正是这种大扩张通道特性导致流道的端壁附近会形成强烈的二次流动,从而使得流动损失增大。现阶段,对减少大子午扩张变几何涡轮端区损失的方法研究已成为十分重要的工作。

图3-29和图3-30给出了典型大子午扩张固定几何涡轮的端区二次流旋涡结构,且图3-31给出了其顶部局部放大精细流动结构。从图3-29中可以明显看出端区的通道涡结构,并且大扩张角端壁下的通道涡强度更强,且更趋向叶展中部方向发展。该流动现象可以从图3-30中明显看到,在导叶片吸力面离上、下端部不远处各有一条从叶片前缘向尾缘的流动分离线,这两条线即是导叶通道涡在到达吸力面时形成的分离线。从两条分离线在叶片尾缘的出口位置来看,上通道涡的尺度要比下通道涡大。这一方面是由于环形导叶片形成的径向压力梯度,另一方面是由于上端壁采用了凹曲率(导叶前半段)和凸曲率(导叶后半段)相结合的子午端壁成型技术,造成径向正压力梯度,使得附

面层内的低能流体在较大范围内向叶展中部方向进行了迁移。图 3-30(b)所示的压力面极限流线在上、下端面附近分别指向机匣、轮毂端面,这是由于来流附面层分离形成的马蹄涡造成的。

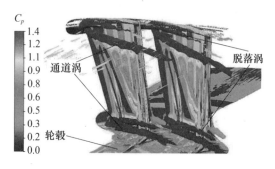

图 3-29 大子午扩张涡轮端区二次流旋涡结构

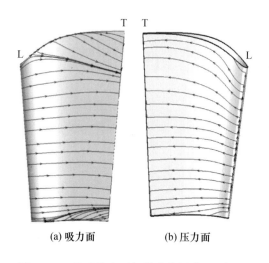

图 3-30 导叶片表面极限流线图谱(见彩图)

结合图 3-30 和图 3-31 可以看出,大子午扩张涡轮端壁处旋涡结构起始于叶片前缘的滞止点,在叶片压力侧 20% 轴向弦长处马蹄涡压力面分支开始分离,在通道横向压强的作用下横向贯穿通道与压力面的脱落涡连接,并在 65% 轴向弦长处到达吸力面。而吸力面的马蹄涡由于横向压差作用,在吸力面前缘重新并入吸力面。下端壁的通道涡跟上端壁原理一样,在此不再赘述。此外,结合图 3-29、图 3-30 和图 3-31 可以推测出,大子午扩张端壁结构使得涡轮端区流动损失大幅增加。

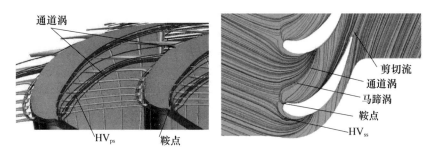

图 3-31 大子午扩张涡轮顶部端区二次流结构(见彩图)

### 3.3.3 大子午扩张变几何涡轮正交化设计

涡轮叶片采用正交化设计是创新型设计,目前在国内还极度缺乏相关方面的论文研究和工程应用。不过,在罗尔斯·罗伊斯公司的遄达系列航空发动机和 MT30 舰用燃气轮机中皆创造性地使用了正交化涡轮设计。本小节基于此对现有大子午扩张变几何涡轮叶身进行正交化设计尝试,并分析其气动性能。

在船用燃气轮机中,变几何动力涡轮进口是过渡段结构和低压涡轮。本小节以涡轮原始过渡段为基础,提高动力涡轮上游低压涡轮和过渡段平均半径、减小轴向长度,从而达到现代船用燃气轮机的紧凑型过渡段设计,并在此基础上对变几何动力涡轮可调导叶进行正交化设计。为了抬高变几何动力涡轮前过渡段,将动力涡轮轴向平移 220mm,过渡段缩短后如图 3-32 所示。缩短后

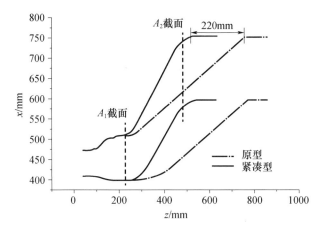

图 3-32 涡轮前过渡段子午剖面图对比

的过渡段由于扩张角增加,流动分离进一步增强,必然会造成过渡段严重的流动损失。图 3-33 给出了涡轮前过渡段上端壁静压系数分布,采用原型过渡段时,轴向位置从入口到 30% 相对弦长处,静压系数迅速增加,而从 30% 到出口处,上端壁静压系数增长缓慢,从而导致原型流道后半段扩压效果降低;当采用紧凑型过渡段后,新流道中静压系数在入口到 20% 轴向弦长范围大于原始流道,在此下游位置,虽然静压系数小于原始流道,但是从增长趋势来看,新流道内静压系数斜率更大,但增加更平稳,有助于改善上端壁的流动状态。

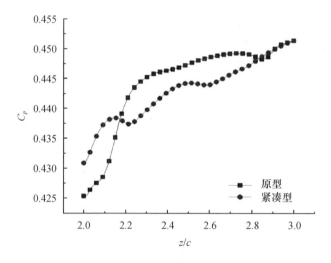

图 3-33 涡轮前过渡段上端壁静压系数分布

为了解紧凑型过渡段对下游变几何动力涡轮性能的影响,有必要研究紧凑型过渡段出口的参数变化特性。图 3-34 给出了过渡段抬高前后出口气流角沿叶高的分布,通过对比可以发现,从轮毂到 20% 径向高度处,紧凑型过渡段出口气流角有所减小;从 20% 径向高度到上端壁,新流道的出口气流角变化波动小,可以降低由于气流掺混造成的损失,因此,抬高过渡段有利于改善动力涡轮的进气条件,降低掺混损失。同时在近上端壁处的气流角增加,有助于减小下一级的叶顶间隙损失。因此可以推测出,过渡段进一步优化具有提高涡轮整体气动性能的潜力。

图 3-35 给出了涡轮前过渡段出口熵增分布,采用原型流道时,过渡段出口中间有一个明显的熵增区,即通道涡,而上下部分熵增比较小,不过可以看出上端壁处存在一个明显的脱落涡。而采用紧凑型过渡段,将流道抬高,出口上端部的熵增增加,脱落涡消失,中间部分比较大的熵增区面积减小,紧凑型过渡

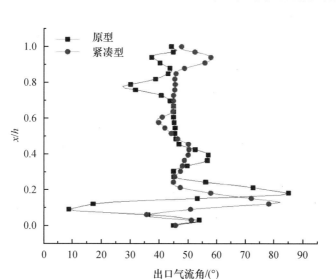

图 3-34 涡轮前过渡段出口气流角沿叶高分布

段流道出口的脱落涡集中在下端壁处。从熵增情况来看,采用紧凑型过渡段使出口总体损失增加,但是通道涡损失降低,通过设计优化可以进一步降低由于流动分离造成的损失。

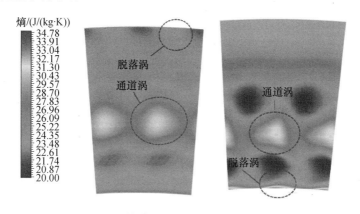

图 3-35 涡轮前过渡段出口熵增分布(见彩图)

在了解过渡段紧凑化设计对下游变几何涡轮影响的基础上,探讨变几何涡轮可调导叶的正交化设计,图 3-36 给出了涡轮叶片正交化参数定义。本小节叶片正交化设计在原型的基础上进行,对原型叶片模型进行参数化处理,并沿导叶前缘线进行积叠,叶片的径向积叠规律采用 AutoBlade 模块中的 Bezierline – Bezier 模式修改切向掠积叠线。即系数 $C$ 设为 0.3，保证叶型在叶展方向上 30% 改变，设置 $P$ 为 0.5，保证弯曲的弧线圆滑，有利于流动性能改善。端区正交化通过调整 $\alpha_1$ 角度实现，使 $\alpha_1 = 90°$，以进行原型、正交化叶型的设计计算。

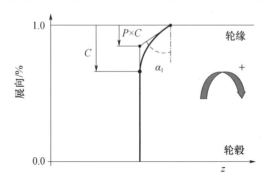

图 3 – 36 涡轮叶片正交化参数定义

图 3 – 37 给出了原型和最终正交化设计的可调导叶的三维几何对比。图 3 – 38 给出了变几何涡轮可调导叶上端壁静压分布，正交化叶型端壁处的吸力面和压力面的压力分布相较于原始叶型得到了很好的优化。在原型叶片中，距叶片不远处的吸力面上形成了一个比较大的分离涡和一个小的分离涡，由于这个大的通道涡低能流体的存在，原始叶型的吸力面上很早便形成了较大的逆压梯度，而在正交涡轮叶片中，这个位置则是流动平稳的高能流体。在吸力面下游，原始叶型有一个很明显的通道涡，而且在尾缘及其后部的流体能量较高，

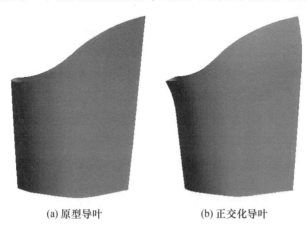

(a) 原型导叶　　　　(b) 正交化导叶

图 3 – 37 变几何涡轮导叶片对比（见彩图）

形成一段逆压梯度;正交涡轮吸力面的尾缘处仅有一个较小的通道涡,而正交涡轮尾缘及其后部的流体能量较低,使得正交涡轮的吸力面形成流动平稳的正压梯度。与此同时,在压力面,正交化叶型前缘部分的压力明显提高,降低了压力面的逆压梯度造成的损失,促进了上端壁的合理流动。

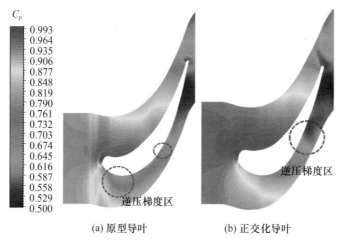

图 3-38 变几何涡轮导叶片上端壁静压分布(见彩图)

图 3-39 给出了变几何涡轮可调导叶出口熵增分布。导叶出口有两个明显的通道涡,比较原始叶片出口和正交化设计叶片出口,正交涡轮的通道涡更接近相对叶高 20% 和 80% 处,通道涡的强度有所降低。通过出口处熵增情况可知,脱落涡的熵增明显下降,证明正交化设计可以有效降低端区气动损失。

### 3.3.4 变几何涡轮反转设计方法探索

为了减少大子午扩张涡轮可调导叶端部间隙引起的附加损失,从而提高涡轮效率,本小节提出采用变几何涡轮与上游低压涡轮反转设计的理念,以期充分利用上游出口气流预旋,降低可调导叶叶型折转角,从而降低可调导叶气动损失。

基于涡轮一维基元级速度三角形理论分析涡轮反转前后折转角变化,如图 3-40 所示。反转前,$\alpha=4.5°$,$\gamma=52.2°$,$\delta=10°$,$\beta=\delta_2+\gamma=62.2°$,$a=\alpha+\beta=66.7°$;反转后,$\delta_2=10°$,$\beta=\delta_2+\gamma=62.2°$,$a=\beta-\alpha=57.7°$,其中,$\delta_1$ 和 $\delta_2$ 分别为进口结构角和出口结构角,$\gamma$ 为安装角,$\alpha$ 和 $\beta$ 分别为进气角和排气角,$a$ 为折转角。

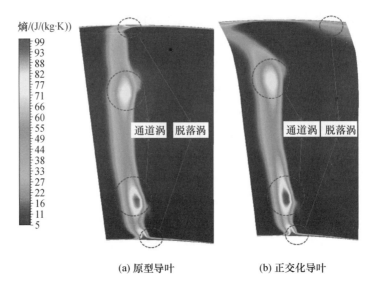

图 3-39 变几何涡轮可调导叶出口熵增分布(见彩图)

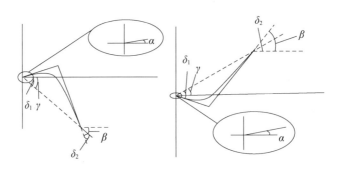

图 3-40 变几何涡轮反转前后速度三角形示意图

经过速度三角形理论分析,反转后叶型折转角小于反转前,证明了反转后涡轮效率要高于反转前,验证了变几何涡轮进行反转设计的可行性。

### 3.3.5 变几何涡轮精细化流动组织与设计探析

经过几十年发展,基于常规叶片造型和三维积叠的传统船用燃气轮机涡轮气动设计技术已经较为成熟,涡轮设计能力和设计水平得到显著提升。但随着大型水面舰艇对动力的要求越来越高,传统涡轮设计技术已经难以满足未来大功率、高效率船用燃气轮机对涡轮性能进一步提升的需求。因此,有必要对传统设计体系中被忽略的流动细节和流动特征,比如非对称叶冠结构、叶根轮缘密封结构、进口紧凑型过渡段结构与出口非对称排气蜗壳结构的影响等,进行深入系统的研究,并在此基础上有针对性地探讨变几何涡轮内部精细化流动组织方式,为变几何涡轮气动设计增添新的自由度,并改进变几何涡轮设计方法等,最终实现涡轮设计能力的进一步提升。目前,针对变几何涡轮气动设计,涡轮精细化流动组织和设计技术主要针对以下几个方面开展:涡轮叶片端壁全三维融合设计、非轴对称叶冠结构精细优化、叶根轮缘密封精细设计优化、过渡段与变几何涡轮一体化设计、排气蜗壳与变几何涡轮一体化设计等。限于篇幅,如有感兴趣的读者可参阅作者已发表的相关期刊/会议论文。

## 3.4 小结

本章主要从变几何涡轮低维气动设计参数选取规律及优化、适合变几何工作的涡轮叶型气动性能、大子午扩张变几何涡轮三维气动设计方法等方面进行了概述。

变几何涡轮的宽工况设计需要细致选择低维度气动设计参数,具体针对本章研究的变几何动力涡轮,设计工况点宜选择50%工况,可以兼顾涡轮设计与非设计的运行状态,载荷系数和流量系数选取相对小值,反动度则选取相对大值,可以改善低工况时变几何涡轮端区的二次流动,并可以避免叶片根部出现负反动度。

涡轮叶型载荷的后移使叶片的总压损失在前半部分减小,但是后半部分增大,总体上在出口位置总压损失有所降低,因此可调导叶设计可优先考虑采用具有高强度及良好的大范围冲角适应性等优点的较小转折角的新型"后部加载"叶型。

船用燃气轮机变几何动力涡轮一般为大扩张流道设计,其端区二次流动比较剧烈,端区损失较大。作者针对其端区独特的流动损失特性提出了适用于大子午扩张涡轮叶身的正交化设计概念,且证实了变几何涡轮反转设计可用于降低可调导叶气动损失,最后对变几何涡轮精细化流动组织与设计技术进行了展望。

# 第4章 变几何涡轮可调导叶调节设计方法

## 4.1 可调导叶端部结构及参数选取准则与规律

涡轮变几何后,必须在导叶端部留有间隙并设置旋转轴,以保证导叶的自由转动,这样就会引起导叶端区的附加损失,导致涡轮效率的下降,因此很有必要研究可调导叶端部调节结构及其参数选择,以期最大程度减少导叶调节设计带来的对涡轮气动性能的负面影响,为此本节从可调导叶端部间隙位置旋转轴参数、导叶端壁结构形式等方面进行分析讨论。

### 4.1.1 端部间隙位置转轴参数对涡轮性能的影响规律

**1. 旋转轴直径**

基于可调导叶的基本特征可知,旋转轴安装在20%弦长时,由于叶根截面相对叶顶截面弦长更短,在上、下端壁旋转轴尺寸相同条件下,下端壁区域受旋转轴的影响更大,因此为研究旋转轴尺寸变化可能带来的最大影响,本小节重点对叶展下端部区域受到的影响进行研究,图4-1给出了旋转轴直径变化的导叶结构,具体给出了四种旋转轴直径方案,其中无轴方案作为对照方案。

可调导叶旋转轴直径变化下端部间隙泄漏量通过数值计算获得,如表4-1所示,上、下端壁间隙泄漏量随轴径增大而降低。与上端壁间隙泄漏量变化相比,下端壁间隙泄漏量对有无安装旋转轴更敏感。随着旋转轴直径增加,下端壁间隙泄漏量相对变化也更大。因此可以推测出,旋转轴直径变化的影响同样受旋转轴安装位置以及旋转轴直径与叶片端部弦长比的影响。

图4-2给出了不同旋转轴直径可调导叶1%叶高截面静压分布,以图中基准线为标准可见,随着可调导叶旋转轴直径增加,负荷后移现象更加明显。这

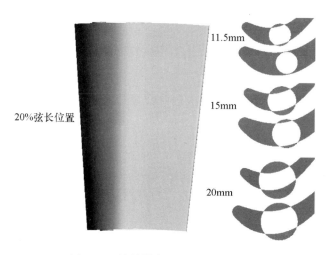

图 4-1 旋转轴直径变化的导叶结构

意味着,随着旋转轴直径增加,旋转轴后掺混区对叶片端部静压影响增大,且旋转轴直径增加导致更多泄漏流体贴着吸力面向下游流动,其与主流掺混而导致的负荷后移现象更加明显。此外,在图 4-2 上旋转轴所在位置处出现低压区,并随旋转轴直径增加,该低压区范围逐渐增大,在图 4-2(c)上已有明显低压区。

表 4-1 可调导叶旋转轴直径变化下端部间隙泄漏量汇总

| 旋转轴直径 | 轮毂端壁间隙泄漏量/(kg/s) | 机匣端壁间隙泄漏量/(kg/s) |
| --- | --- | --- |
| 无轴 | 0.0183 | 0.0207 |
| $D = 11.5$ mm | 0.0159 | 0.0191 |
| $D = 15.0$ mm | 0.0149 | 0.0181 |
| $D = 20.0$ mm | 0.0138 | 0.0170 |

不同旋转轴直径可调导叶轮毂端壁区域总压损失沿流向发展情况如图 4-3 所示,旋转轴安装在 20% 弦长处时,旋转轴直径变化进一步影响损失核心位置及端部损失沿流向各截面的尺寸。随导叶旋转轴直径增加,在 30%~50% 弦长范围内,损失核心产生位置后移,偏离吸力面距离减小且损失核心值减小,端部损失所占区域尺寸减小;但在出口处,泄漏涡已发展完全,其端部总压损失系数分布变化较小。这意味着,随旋转轴直径增加,泄漏涡产生位置继续后移,旋转轴导致其下游部分区域内泄漏涡尺寸减小,端部间隙泄漏涡受到抑制,但在导

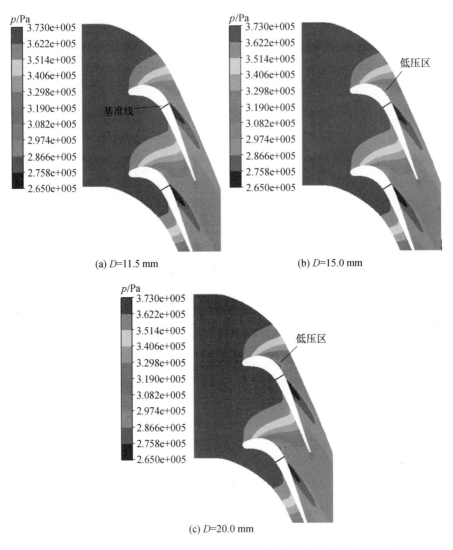

图 4-2　不同旋转轴直径可调导叶 1% 叶高截面静压分布（见彩图）

叶出口处泄漏涡发展完全以后，旋转轴尺寸变化对出口泄漏涡位置、尺寸影响较小。

图 4-4 给出了不同旋转轴直径可调导叶出口总压损失沿叶高分布，旋转轴安装在 20% 弦长位置时，随旋转轴直径增大，在上、下端壁间隙泄漏流区域，出口质量平均的总压损失系数明显降低，而在主流区则基本没有变化。

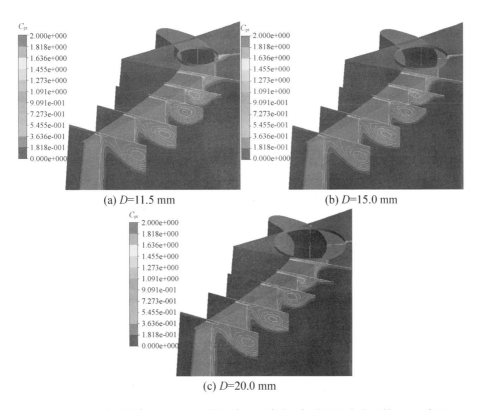

图 4-3 不同旋转轴直径可调导叶轮毂端壁区域总压损失沿流向发展情况(见彩图)

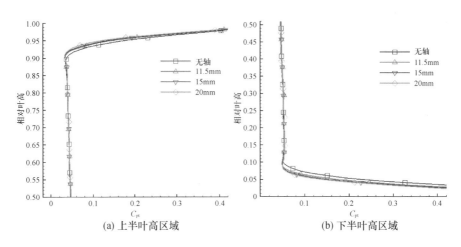

(a) 上半叶高区域　　　　　　　　　(b) 下半叶高区域

图 4-4 不同旋转轴直径可调导叶出口总压损失沿叶高分布(见彩图)

## 2. 旋转轴安装位置

图 4-5 给出了旋转轴安装位置变化的导叶结构示意图,共计有五种旋转轴安装位置变化方案,其中无轴方案为对照方案。表 4-2 给出了不同旋转轴安装位置可调导叶端部间隙泄漏量情况,上、下端壁间隙泄漏量随转轴后移而先降低、后增大,在 50% 弦长处安装旋转轴间隙泄漏量降低最为明显。

图 4-5　旋转轴安装位置变化的导叶结构

表 4-2　不同旋转轴安装位置可调导叶端部间隙泄漏量汇总

| 旋转轴安装位置 | 轮毂端壁间隙泄漏量/(kg/s) | 机匣端壁间隙泄漏量/(kg/s) |
| --- | --- | --- |
| 无轴 | 0.0183 | 0.0207 |
| 20% 轴向弦长 | 0.0149 | 0.0181 |
| 50% 轴向弦长 | 0.0147 | 0.0177 |
| 70% 轴向弦长 | 0.0149 | 0.0179 |
| 80% 轴向弦长 | 0.0155 | 0.0182 |

图 4-6 给出了不同旋转轴安装位置可调导叶 98% 叶高截面静压分布,通过比较图 4-6(a)和图 4-6(c)可知,旋转轴安装在 50% 弦长时,由端部间隙泄漏而导致的低压区在旋转轴区域明显断裂,在轴前和轴后分别形成两个低压区,且与无轴导叶相比,轴前低压区压力更低,轴后低压区压力有所增大。旋转轴安装在 70% 弦长时,泄漏涡远离旋转轴,旋转轴减小了低压区范围,但影响较小。而当旋转轴安装在 20% 弦长时,旋转轴导致的低压区位置后移,且贴近吸

力面的最小压力值降低。

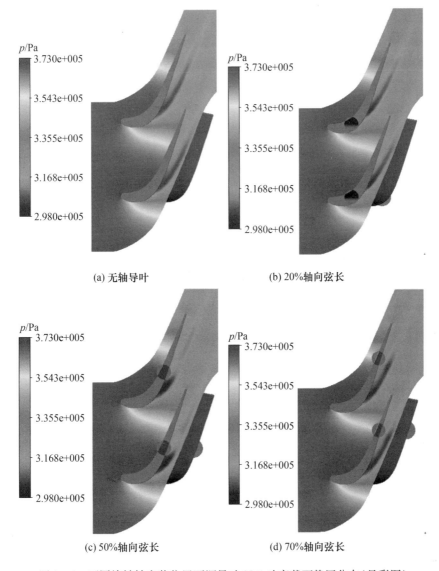

(a) 无轴导叶　　(b) 20%轴向弦长

(c) 50%轴向弦长　　(d) 70%轴向弦长

图 4-6　不同旋转轴安装位置可调导叶 98% 叶高截面静压分布(见彩图)

图 4-7 为不同旋转轴安装位置时可调导叶机匣端壁区域总压损失沿流向发展情况图,旋转轴分别安装在 20% 弦长和 50% 弦长时,总压损失沿流向变化较大,特别是在旋转轴位置前后的截面。而在 70% 弦长时,端部损失核心已远离吸力面,旋转轴对其前后截面损失分布影响已不明显。

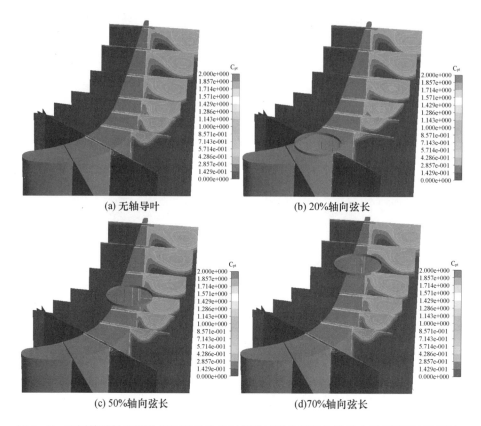

图 4-7　不同旋转轴安装位置可调导叶机匣端壁区域总压损失沿流向发展情况(见彩图)

图 4-8 为不同旋转轴安装位置变化下可调导叶出口总压损失沿叶高分布,随旋转轴位置后移,总压损失系数在叶展中部区域变化很小,仅在 1% 叶高以下和 90% 叶高以上区域,在旋转轴对泄漏涡的抑制作用下有很大影响。此外,由于旋转轴对间隙泄漏流动的抑制作用,由端部涡系相互作用而导致的总压损失降低,在 1% 叶高以下和 90% 叶高以上区域,随旋转轴安装位置后移,旋转轴分别安装在 20% 和 50% 弦长位置时,损失降低最大,而分别在 70% 和 80% 弦长位置安装旋转轴,损失降低很小。这进一步说明不同位置处泄漏涡在流道内的发展程度影响相应位置处旋转轴对泄漏涡的抑制作用。在泄漏涡未偏离吸力面的位置安装旋转轴,端部损失降低较大。此外,与叶顶区域相比,叶根处损失降低更大,其最大降低幅值接近 0.1。

总体上,不同端壁间隙位置转轴参数下可调导叶出口总压损失情况如表 4-3 所示。随旋转轴直径增加,膨胀比降低,但降低量逐渐减缓,出口总压损失系数

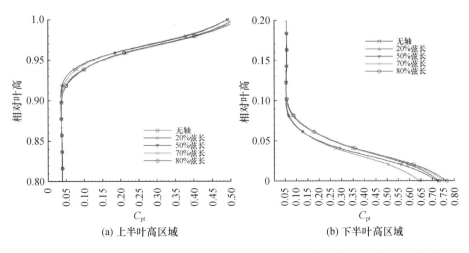

(a) 上半叶高区域　　　　　(b) 下半叶高区域

图4-8　不同旋转轴安装位置变化下可调导叶出口总压损失沿叶高分布(见彩图)

逐渐降低。而随旋转轴安装位置后移,膨胀比增大。当旋转轴安装在70%弦长以后,膨胀比变化很小,出口总压损失系数先降低后增大。当安装在50%弦长时损失最小,而安装在80%弦长时,总压损失系数接近无轴导叶。

表4-3　不同端部间隙位置转轴参数下可调导叶出口总压损失系数汇总

| 方案 | | 膨胀比 | 出口总压损失 |
| --- | --- | --- | --- |
| 无轴导叶 | | 1.183 | 0.088 |
| 旋转轴直径变化 | $D=11.5\text{mm}$ | 1.179 | 0.084 |
| | $D=15.0\text{mm}$ | 1.177 | 0.082 |
| | $D=20.0\text{mm}$ | 1.177 | 0.080 |
| 旋转轴安装位置变化 | 20%轴向弦长 | 1.177 | 0.082 |
| | 50%轴向弦长 | 1.180 | 0.081 |
| | 70%轴向弦长 | 1.182 | 0.085 |
| | 80%轴向弦长 | 1.182 | 0.087 |

## 4.1.2　柱面与球面端壁可调导叶端部间隙及性能特性

### 1. 柱面端壁

本小节是采用数值计算的方法对典型船用动力涡轮的导向叶片进行可调设计,图4-9(a)是柱面的子午流道,通过图4-9(b)可以看出可调导叶的定位模式,也就是改变叶栅的安装角后进行数值计算。要改变叶片转角,首先要选择叶片旋转轴的位置,本小节从强度方面考虑,将转轴安装在叶片端部处叶片厚度较大的位置,从图 4-9(b)中可知,本小节选择转轴的位置在(45,18)。图 4-10 中显示的是绕旋转轴旋转后的叶片顶部的截面位置,要使整个叶片绕轴旋转,需要针对各个截面进行旋转,转轴的选定上文已经阐述,由于可调导叶转轴垂直转子转轴,各个截面的旋转点可以确定,因此叶片旋转只需要将各个截面绕旋转点旋转即可。

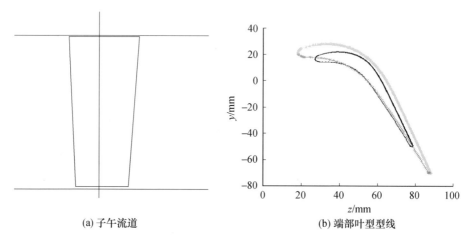

(a) 子午流道  　　　　　　(b) 端部叶型型线

图 4-9　柱面端壁可调导叶子午流道及端部叶型型线

进行叶片变几何数值计算前,在可调导叶原始安装角 0°的情况下,在考虑热应力的作用和为满足导叶有足够转动空间的情况下,将可调导叶顶部间隙设定为 0.8 mm,上文已经提到采用柱面端壁的变几何涡轮在可调导叶旋转时叶片端部的间隙分布情况是随转角的改变而变化的,从图 4-10 可以清晰看到端部间隙在不同旋转角度下沿叶片型线分布的情况。在图 4-10 中,每个字母对应的两条曲线分别是叶片型线的压力面和吸力面。当可调导叶向 +5°和 +7°旋转时,叶片前缘和尾缘根部间隙都逐渐减小,并且尾缘减小的幅度比前缘要大,也就是说尾缘的径向间隙比前缘要小,而叶片前缘和尾缘的顶部间隙都在增大,并且叶片尾缘增大幅度要大于前缘。当可调导叶向 -5°和 -10°旋转时,叶片前缘和尾缘根部间隙都逐渐增大,尾缘增大的幅度比前缘要大,这也就是说叶片尾缘的间隙比前缘要大,而叶片前缘和尾缘的顶部间隙都在减小,并且尾缘间隙要小于前缘的端部间隙。

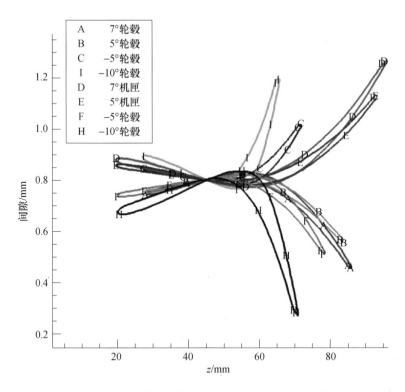

图 4-10 叶片端部间隙随转角的变化分布图(见彩图)

通过表 4-4 可以看出随着转角从 +7° 变化到 -10°，可调导叶流量逐渐变小，由此可以看出叶片向 +7° 旋转为开大，向 -10° 旋转为关小。通过表 4-4 可以看出在变几何涡轮中当转角处于 +5° 时，叶片的效率最高，其次是 0° 角，而 -10° 角的效率最低，从效率随角度的变化趋势来看，叶片从 0° 到 +7°，效率先有小幅度的提高后再下降，而转角从 0° 到 -10°，效率始终处于下降状态。从表 4-4 中可以看出，-10° 转角的效率比 0° 角的效率降低了 11%，而 +7° 角下的效率比 0° 角降低了 0.4%。由此可以看出，转角开大对效率的影响比较小，而转角关小对效率的影响很大，其原因分析如下。

对于导叶开大情况，会引起喉部位置发生变化，使叶背表面峰值偏移并增大，导致损失加大，并引起动叶负冲角大幅度加大。尽管负冲角损失明显低于正冲角损失，但较大的负冲角仍能引起较大的损失。另外，导叶开大导致导叶尾缘堵塞度相对减少，动叶进口相对马赫数下降，反动度也加大，这些因素对效率的提高是有利的。综合分析可知，导叶开大，效率降低速度较慢。

对于导叶关小情况,导叶流道为收敛通道,燃气在通道中过分膨胀;尾缘堵塞度较大;动叶向正冲角方向加大;动叶进口速度较高,其根部气流减速,而且可能从根部表面开始分离。从另一个角度来看关小导叶面积,涡轮反动度迅速降低,甚至动叶根部出现负反动度。上述几方面因素皆使得气动损失大幅增加。

表4-4 计算结果与变几何涡轮主要参数比较

| 转角 | 效率 | 流量(与设计值之比) | 功率(与设计值之比) | 总压恢复数 |
| --- | --- | --- | --- | --- |
| +7° | 0.9093 | 1.1403 | 0.9255 | 0.9255 |
| +5° | 0.9195 | 1.1067 | 1.0692 | 0.9260 |
| 0° | 0.9139 | 1.0000 | 1.0000 | 0.9080 |
| -5° | 0.8966 | 0.8300 | 0.8419 | 0.9025 |
| -10° | 0.8043 | 0.5681 | 0.5121 | 0.8408 |

图4-11~图4-13给出了不同转角下叶片顶部靠近顶部间隙处(99%叶高处)和叶片底部(1%叶高处)靠近叶根间隙处的表面静压分布,其反映了非均

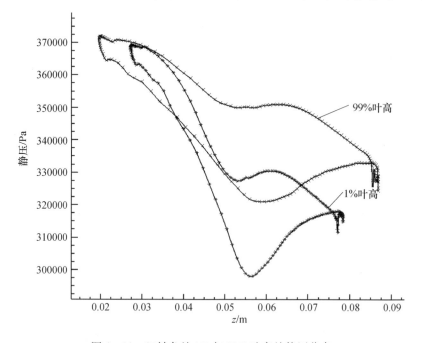

图4-11 0°转角处1%与99%叶高处静压分布

匀间隙对静压分布的影响。首先从图4-11中0°转角的静压分布可以发现,在叶片根部(1%叶高处),压力面与吸力面的静压值在前50%轴向弦长段下降迅速,压力面在50%～70%处有一个平缓区,并有微弱逆压梯度段,而后接着一个压力下降区,吸力面在50%轴向弦长后没有经历平缓区,直接到达较为明显的逆压梯度段。其中压力面前半段压力下降迅速,主要是由于底部的间隙结构导致端部压力面的流体进入间隙发生泄漏所致。叶片顶部(99%叶高)的静压分布规律与底部相同,压力面经历下降、平缓、再下降的过程,而吸力面的静压经历了下降、再上升的过程,所不同的是,压力面的平缓区更宽,而吸力面的逆压梯度段更为平缓。

图4-12反映了转角开大到+5°时静压分布的变化情况,通过与0°转角的静压分布对比可知,叶片顶部(99%叶高)压力面的静压没有经历平缓区,而是直接下降,吸力面的变化规律与0°角相似。在叶片根部(1%叶高),压力面依然经历了下降、平缓、再下降的过程,而吸力面的变化规律与0°角相同。从静压分布线包围的面积可以看出,叶片的根部载荷在旋转到+5°角后有明显增大,并且载荷主要分布在叶片后部。

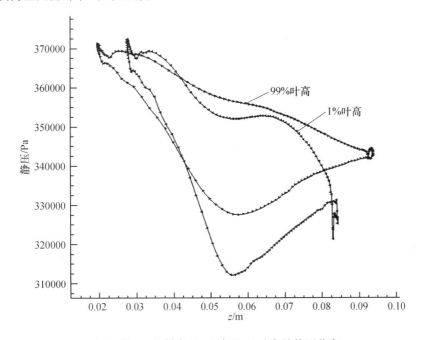

图4-12　+5°转角处1%与99%叶高处静压分布

图4-13反映了转角关小到-5°时静压分布的变化情况,叶片顶部的压力面分布规律与0°转角同一位置相同,即是先下降后平缓再下降,吸力面的趋势也没有发生改变。而在根部的压力面,出现了与图4-12的叶片顶部压力面分布相同的分布规律,吸力面的趋势也没有变化。

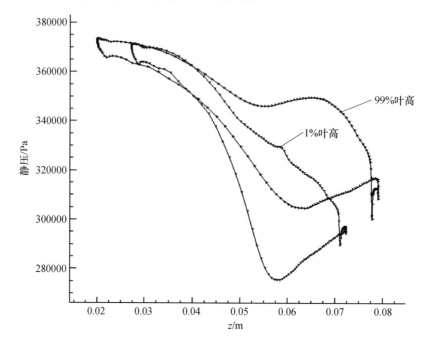

图4-13 -5°转角处1%与99%叶高处静压分布

由于0°角的间隙是均匀间隙,因此通过和0°角的静压分布对比可以得出非均匀间隙形态对可调导叶端部流动的影响。间隙值是影响叶片压力分布趋势的主要因素,通过图4-10可知,在-5°转角的根部,间隙在50%轴向弦长后逐渐增大。同样在-5°转角的顶部,间隙值在50%弦长后逐渐增大;正是因为端部间隙的不断增大,端部处泄漏的发展没有得到有效抑制,压力面的流体不断向间隙内流动,导致在压力面的静压分布趋势中平缓区的消失。

因此,通过上述分析可知:由于叶片间隙的存在,会对其附近的静压分布产生影响,也从侧面反映了间隙对局部流场的影响,并且叶片泄漏损失使得端部的压力面前半段静压下降迅速;非均匀间隙会对叶片端部的静压分布趋势产生影响,间隙逐渐增大会使得叶片压力面的静压沿轴向下降更为迅速,从而反映了间隙逐渐增大这种趋势会加速泄漏,增大间隙泄漏损失。

从图 4-14 中的总压损失系数来看,可调导叶顶部和底部的总压损失系数比较大,这主要是由于可调导叶的间隙结构引起的。为了满足可调导叶在旋转时不被机匣卡死,在可调导叶端部设置了足够大的间隙,而间隙的存在使得叶片端部的泄漏损失很大。此外,间隙泄漏的主要区域集中在 18% 叶高以下和 80% 叶高以上。另外,可调导叶处于 +7°和 +5°时,两端壁处总压损失系数最小,随着角度转到 10°时,叶片端部总压损失增大,叶片中部 50% 叶高处总压损失在 0°最小,而叶片处于正转角时,中部总压损失略为增大,当转角变为正值时,叶片中部总压损失明显增大。因此,可调导叶的旋转不仅影响叶片中部的总压损失,同时也对叶片端部损失产生影响,且叶片关小比开大更加明显地增大了可调导叶的总压损失。

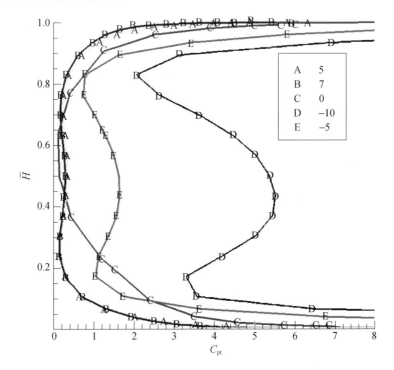

图 4-14 柱面端壁变几何涡轮导叶出口总压损失系数沿叶高方向分布

**2. 球面端壁**

上文提到由于柱面变几何涡轮的端壁结构,在可调导叶安装时,对端部间隙的选取有要求,即保证叶片旋转时不被机匣卡死。本小节针对这一问题,对涡轮的端壁结构进行改型,并对改型前后的变几何涡轮进行了性能对比。另外,本小节对改型后的球面端壁涡轮采用与柱面端壁涡轮相同的变几何方案,并对比了在不同转角下不同端壁涡轮的气动特性和当地流场情况。

变几何涡轮中可调导叶处的端壁设计思想是将传统的柱面端壁改造为球面端壁。球面端壁间隙设计目的如下。在大多数柱面变几何涡轮导向叶片中,叶片端部的间隙值在发生变化,因此,在叶片旋转角过大的情况下,会发生叶片与机匣端壁卡死的现象。为了避免此类现象的发生,柱面端壁的间隙值一般在设计时会针对卡死的现象来进行相应增加,这样就会加大叶片端部的泄漏损失,本小节设计的球面端壁则可以保证叶片端部间隙在旋转时保持不变,设计时只需要考虑到热应力对间隙的影响,而不需要考虑叶片旋转因素的影响。

具体设计流程如下。

**1. 需要参数**

可调导叶叶型数据(叶片顶部截面叶型数据、叶片底部叶型数据)、子午流道数据(机匣型线数据、轮毂型线数据)。

**2. 改型步骤**

(1) 确定轴:确定导叶叶片的旋转轴,如图 4-15 所示,$Z_2$ 线为可调导叶旋转轴。$O$ 点为涡轮转子和导叶转轴的交点。

具体要求:

① 导叶叶片旋转轴要通过叶片的顶部截面和底部截面。

② 叶片的旋转轴要通过转子转轴。

(2) 确定叶片的旋转半径(即可调导叶的旋转范围)。

通过叶片旋转轴位置和叶片顶部截面数据,可以计算出叶型数据点到叶片旋转轴的点半径最大值为叶片旋转半径。如图中顶部 $R_1$ 线包含的就是叶片端部截面叶型,并根据叶片顶部和底部截面高度在子午流道面上画出叶片子午面旋转范围,$A$、$B$ 点的位置分别是叶片上端壁和下端壁叶片旋转时在子午面上形成的最大面域的位置。

(3) 确定球面端壁半径 $R$。

通过 $O$、$A$、$B$ 点的位置来确定球面端壁的位置和半径,连接 $OA$ 延伸交 shroud 型线于 $C$,连接 $OB$ 交 hub 型线于 $D$,以 $O$ 为圆心,$OC$、$OD$ 为半径。交 shroud、hub 线于 $E$、$F$,圆弧 $CE$、$DF$ 就是修改的球面端壁。

为了研究端壁和间隙对涡轮气动效率的影响,本小节采用了四种不同的方案进行对比研究。分别是球面端壁 0.5mm 间隙,球面端壁 0.8mm 间隙,柱面端壁 0.5mm 间隙,柱面端壁 0.8mm 间隙。

从图 4-14 中的总压损失系数来看,可调导叶顶部和底部的总压损失系数比较大,这主要是由于可调导叶的间隙结构引起的。为了满足可调导叶在旋转时不被机匣卡死,在可调导叶端部设置了足够大的间隙,而间隙的存在使得叶片端部的泄漏损失很大。此外,间隙泄漏的主要区域集中在 18% 叶高以下和 80% 叶高以上。另外,可调导叶处于 +7° 和 +5° 时,两端壁处总压损失系数最小,随着角度转到 10° 时,叶片端部总压损失增大,叶片中部 50% 叶高处总压损失在 0° 最小,而叶片处于正转角时,中部总压损失略为增大,当转角变为正值时,叶片中部总压损失明显增大。因此,可调导叶的旋转不仅影响叶片中部的总压损失,同时也对叶片端部损失产生影响,且叶片关小比开大更加明显地增大了可调导叶的总压损失。

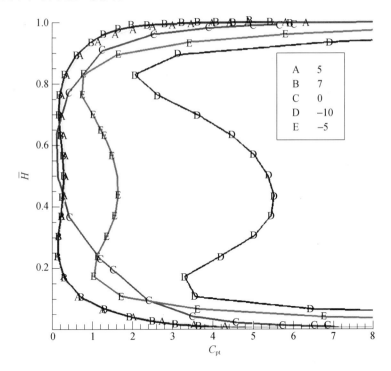

图 4-14　柱面端壁变几何涡轮导叶出口总压损失系数沿叶高方向分布

**2. 球面端壁**

上文提到由于柱面变几何涡轮的端壁结构,在可调导叶安装时,对端部间隙的选取有要求,即保证叶片旋转时不被机匣卡死。本小节针对这一问题,对涡轮的端壁结构进行改型,并对改型前后的变几何涡轮进行了性能对比。另外,本小节对改型后的球面端壁涡轮采用与柱面端壁涡轮相同的变几何方案,并对比了在不同转角下不同端壁涡轮的气动特性和当地流场情况。

变几何涡轮中可调导叶处的端壁设计思想是将传统的柱面端壁改造为球面端壁。球面端壁间隙设计目的如下。在大多数柱面变几何涡轮导向叶片中,叶片端部的间隙值在发生变化,因此,在叶片旋转角过大的情况下,会发生叶片与机匣端壁卡死的现象。为了避免此类现象的发生,柱面端壁的间隙值一般在设计时会针对卡死的现象来进行相应增加,这样就会加大叶片端部的泄漏损失,本小节设计的球面端壁则可以保证叶片端部间隙在旋转时保持不变,设计时只需要考虑到热应力对间隙的影响,而不需要考虑叶片旋转因素的影响。

具体设计流程如下。

**1. 需要参数**

可调导叶叶型数据(叶片顶部截面叶型数据、叶片底部叶型数据)、子午流道数据(机匣型线数据、轮毂型线数据)。

**2. 改型步骤**

(1)确定轴:确定导叶叶片的旋转轴,如图 4-15 所示,$Z_2$ 线为可调导叶旋转轴。$O$ 点为涡轮转子和导叶转轴的交点。

具体要求:

①导叶叶片旋转轴要通过叶片的顶部截面和底部截面。

②叶片的旋转轴要通过转子转轴。

(2)确定叶片的旋转半径(即可调导叶的旋转范围)。

通过叶片旋转轴位置和叶片顶部截面数据,可以计算出叶型数据点到叶片旋转轴的点半径最大值为叶片旋转半径。如图中顶部 $R_1$ 线包含的就是叶片端部截面叶型,并根据叶片顶部和底部截面高度在子午流道面上画出叶片子午面旋转范围,$A$、$B$ 点的位置分别是叶片上端壁和下端壁叶片旋转时在子午面上形成的最大面域的位置。

(3)确定球面端壁半径 $R$。

通过 $O$、$A$、$B$ 点的位置来确定球面端壁的位置和半径,连接 $OA$ 延伸交 shroud 型线于 $C$,连接 $OB$ 交 hub 型线于 $D$,以 $O$ 为圆心,$OC$、$OD$ 为半径。交 shroud、hub 线于 $E$、$F$,圆弧 $CE$、$DF$ 就是修改的球面端壁。

为了研究端壁和间隙对涡轮气动效率的影响,本小节采用了四种不同的方案进行对比研究。分别是球面端壁 0.5mm 间隙,球面端壁 0.8mm 间隙,柱面端壁 0.5mm 间隙,柱面端壁 0.8mm 间隙。

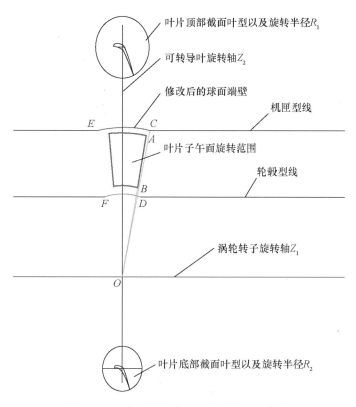

图 4-15 柱面端壁修改成球面端壁示意图

就本小节研究的方案而言,如表 4-5 所示,通过对比同一间隙下不同子午流道的可调导叶效率和同一子午流道下不同间隙导叶性能可以看出:在同一端部间隙下,球面端壁的效率略高于柱面端壁;在同一端壁下,小间隙效率高于大间隙效率;端壁变化对效率的影响最大可达 0.12%,而间隙变化对效率的影响可达 0.67%。因此,端部间隙的变化是影响效率变化的主要因素。

表 4-5 四种不同方案下效率对比

| 方案 | 效率 |
|---|---|
| 球面(0.5mm) | 92.114% |
| 球面(0.8mm) | 91.448% |
| 柱面(0.5mm) | 92.083% |
| 柱面(0.8mm) | 91.394% |

为了研究不同端壁对变几何涡轮整体性能的影响，本小节根据上文对球面端壁涡轮进行变几何处理，由于球面端壁叶片端壁间隙不随转角发生变化，因此球面间隙选择为 0.5mm。

通过表 4-6 可以看出，球面端壁在不同导叶转角下的效率分布情况。当叶片处于 0°角时，叶片效率最高，当叶片向 -10°和 +7°旋转时，效率一直在下降，但是叶片向正向旋转时，效率下降的速率明显要高于叶片向负向旋转。从流量角度来说，叶片处在设计流量时效率最高，流量开大和流量关小都会使效率下降，并且流量关小对效率下降的影响更大。

表 4-6 球面端壁变几何涡轮总体性能参数表

| 转角 | 效率 | 流量（与设计值之比） | 功率（与设计值之比） | 总压恢复系数 |
| --- | --- | --- | --- | --- |
| +7° | 0.9163 | 1.1443 | 1.0789 | 0.9383 |
| +5° | 0.9198 | 1.1112 | 1.0645 | 0.9309 |
| 0° | 0.9211 | 1.0000 | 1.0000 | 0.9242 |
| -5° | 0.9037 | 0.8304 | 0.8424 | 0.9118 |
| -10° | 0.80975 | 0.5644 | 0.5215 | 0.8633 |

从图 4-16 可以看出，通过端壁改型设计，变几何涡轮流量在各个转角下都有提高。在图 4-17 中，通过对比球面端壁和柱面端壁变几何涡轮的效率分布可以看出，球面端壁使得变几何涡轮在各个转角下的效率都有提高，但是提高的程度不同，在 0°转角，效率提高 0.72%，而在 -10°转角，效率提高 0.53%；

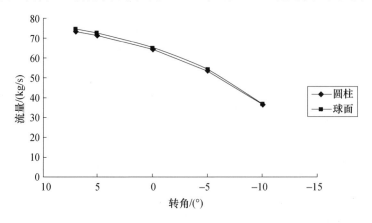

图 4-16 不同端壁在不同转角下流量对比

在+7°转角时,效率提高0.69%,这说明采用球面端壁和缩小间隙的办法能够有效提高变几何涡轮多转角工况性能。此外,在柱面端壁效率曲线中,转角由0°~+5°,效率呈上升趋势,而在球面端壁,效率呈下降趋势,说明此处柱面端壁的间隙变化趋势可能有助于效率的提高。

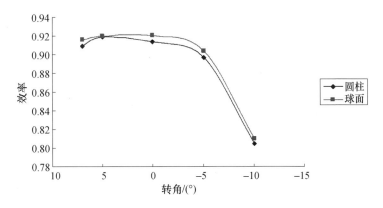

图4-17 不同端壁在不同转角下效率对比

在图4-18中,当转角处于+7°、+5°、0°时球面端壁导叶出口总压损失主要集中在20%叶高以下和90%叶高以上,而转角处于-5°、-10°时可调导叶出

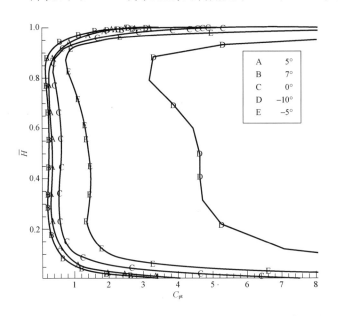

图4-18 球面导叶栅出口总压损失在不同转角下沿叶高分布

口总压损失明显增加,并且在-10°转角下,叶片底部损失高于叶片顶部。从图4-18中还可以看出,可调导叶处于+7°转角时,20%叶高到80%叶高处总压损失系数约为0.3,在0°角时,中间总压损失系数到达0.8,而当转角为-5°、-10°时,导叶中部出口总压损失急剧增加,分别达到了1.5和4.5。

## 4.2 可调导叶端区损失控制新方法

### 4.2.1 可调导叶叶端凹槽/小翼技术

#### 1. 叶端凹槽技术

叶顶凹槽结构可有效抑制叶顶间隙泄漏量和泄漏损失,这已被研究人员的大量研究所证实,因此,叶端凹槽结构也应该可以用于可调导叶端部间隙泄漏损失控制。为了验证叶端凹槽技术的有效性,图4-19给出了可调导叶叶端凹槽研究方案,其中无轴、平顶方案和带轴、平顶方案用于对照。

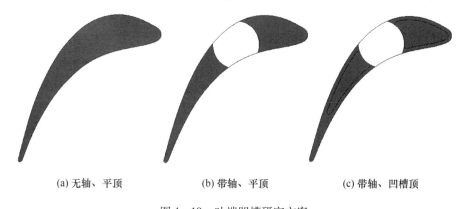

(a) 无轴、平顶　　　　(b) 带轴、平顶　　　　(c) 带轴、凹槽顶

图4-19 叶端凹槽研究方案

根据上文所述,可调导叶转轴位置对可调导叶流场影响很大。对于不同的导向叶片,端区载荷不同以及高泄漏区分布位置不同,一般将转轴布置在20%~50%弦长处。在本小节的计算模型中转轴位置位于叶栅50%轴向弦长处。至于转轴直径的选取,一般来讲,转轴的直径越大,转轴在间隙内所占的比例越大,泄漏面积相应越小。但是随着转轴直径不断增大,转轴后方区域的轴向压力梯度增大,在转轴后方出现高负荷区。另外,考虑到叶片的实际结构,转轴要与其他复杂构件装配。综上所述转轴直径选为21mm。对于叶端凹槽深

度，本小节选取 2mm，并设定凹槽侧壁与叶片表面之间厚度为 1.5mm。需注意的是，考虑到实际机械加工工艺，在凹槽与转轴的结合部，进行倒圆角处理，以满足加工工艺要求。

表 4-7 给出了不同方案间隙泄漏量和总压恢复系数情况，方案 B 端部不带转轴、端部平顶且间隙 0.3mm 与方案 A 端部无间隙对比使总压恢复系数有所下降，这主要是由于间隙泄漏流动损失影响造成的。比较带转轴端部平顶方案 C 与不带转轴端部平顶方案 B，间隙流动的泄漏率相对值减少 19.81%，总压恢复系数有所增大，说明转轴的存在能够使间隙泄漏流动减弱，其原因在于转轴使端部间隙泄漏通流面积变小，并且转轴引起的圆柱绕流和转轴后方回流旋涡使下游流动湍流度增加，抑制叶端泄漏流动的阻力相应增大。比较带转轴端部开凹槽处理方案 D 与不带转轴端部平顶方案 B，间隙泄漏率相对值下降 21.98%，总压恢复系数有一定程度增大，由此表明转轴和端部凹槽的同时存在能够更好地抑制端部间隙泄漏。

表 4-7 不同方案间隙泄漏量和总压恢复系数情况

| 方案 | 出口流量/(kg/s) | 泄漏量/(kg/s) | 泄漏率 | 总压恢复系数 |
|---|---|---|---|---|
| A：无间隙 | 0.3673 | — | — | 98.77% |
| B：无轴、平顶 | 0.3676 | 0.0046 | 1.27% | 98.03% |
| C：带轴、平顶 | 0.3671 | 0.0037 | 1.02% | 98.10% |
| D：带轴、凹槽顶 | 0.3669 | 0.0036 | 0.99% | 98.19% |

图 4-20 给出了不同叶端结构下间隙中间截面静压分布，从三种方案 99.85% 叶高处间隙内静压分布可以看出，由于涡轮导叶叶栅通道逐渐收缩，沿流动方向导叶压力逐渐减小，压力面侧的变化趋势及压力分布基本相同，而吸力面侧静压变化较大。由于流体在压力面很小的间隙处快速流入间隙，故在压力面与间隙之间很小的横向位置之间，压力梯度变化较大如局部放大图所示。叶片采用平顶的方案 B 在轴向弦长 50% 之后，靠近压力面侧出现了压力较低的区域，这是由于端部流体通过压力面直接流经间隙造成的，此时，间隙内的流体具有较高的动能。由伯努利方程可知，流体在窄缝内加速，静压降低，进入吸力面侧减速，静压增大，在横向压力梯度的作用下间隙内的流体流出吸力面之后向叶展中部偏移，低压区的分布主要集中在叶片轴向的中下游区域。在方案 C 中，转轴后方流体静压相比于方案 B 相同位置有所增大；在叶片端部开槽处理

后的 D 方案,凹槽所在位置静压相比于方案 C 和方案 B 又有明显增大,叶片下游低压区的分布范围逐渐变小,低压区域逐渐散开。

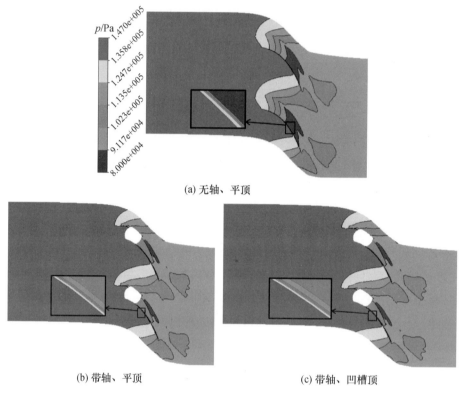

图 4-20　不同叶端结构下间隙中间截面静压分布(见彩图)

为分析叶栅出口处的间隙泄漏流动形态,现考察叶栅出口截面 10% 位置轴向弦长截面熵分布,如图 4-21 不同叶端结构下可调导叶出口 10% 轴向弦长截面熵分布所示。不同叶顶形态对端部的影响很大,叶顶处的损失来源主要是泄漏涡的耗散作用和通道涡相互作用所引起的。由于叶顶转轴以及端部凹槽的存在,方案 D 较方案 C 和方案 B,叶顶泄漏涡核心处高熵区明显减小。由于泄漏涡和通道涡的旋向是相反的,泄漏涡的形态发生改变势必会影响到通道涡的形成和发展。另外,方案 B 和方案 C 中通道涡并没有产生明显的核心区,而方案 D 中的通道涡明显出现高熵核心区,由此表明叶顶开凹槽结构对通道涡的形成和发展并没有表现出明显的优势。这是由于方案 D 相比于方案 C 和方案 B,在转轴前方的凹槽附近存在大量的低能流体团,这部分流体最终将彻底被通道涡卷吸,而这些低能流体团是通道涡增强的主要原因。

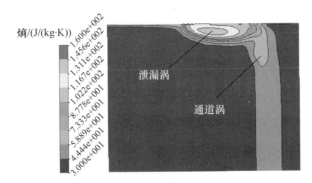

(a) 无轴、平顶

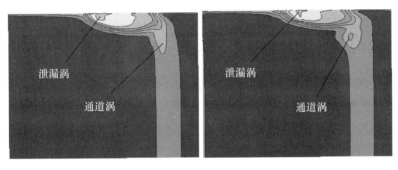

(b) 带轴、平顶　　　　　　　　(c) 带轴、凹槽顶

图 4-21　不同叶端结构下可调导叶出口 10% 轴向弦长截面熵分布(见彩图)

图 4-22 给出可调导叶不同轴向弦长位置截面熵分布,可以看出沿流动方向的各个考察截面,方案 D 的质量平均熵值要大于方案 C 和方案 B,这是由于转轴和凹槽的存在使得端区流动变得更为复杂。相比于不带转轴的 B 方案,流动过程额外增加了转轴的圆柱绕流作用,以及叶顶凹槽内的大量涡流,这些都是泄漏流动过程中阻力增大的重要原因,同时这也增大了流动过程的不可逆程度。方案 B 各截面质量平均熵值沿流动方向逐渐增大,而方案 C 在 20% 轴向弦长处与 50% 轴向弦长处的熵值相差很小,但是相比于方案 B 相同截面处的质量平均熵值要大很多。由此可以说明,转轴的存在不仅仅影响到转轴后各截面的熵分布,并且对于转轴前各截面的熵值分布也有一定的影响。此外,方案 D 相比于方案 C 在各个截面的质量平均熵值分布略有增大,说明仅仅由凹槽附加引起的熵增幅度并不明显。

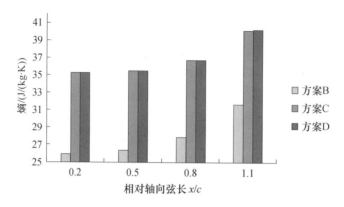

图 4-22　不同轴向弦长位置截面熵分布

## 2. 叶端小翼技术

叶端小翼技术可有效抑制叶顶间隙泄漏量和泄漏损失,本小节通过数值计算探讨其应用于可调导叶端部的可行性,图 4-23 给出了可调导叶叶端小翼结构研究方案,其中平顶方案作为对照。叶端小翼宽度沿顶部叶型等厚度分布,为了确保顶面可以完全包含旋转轴端,初步给定其宽度为 5mm。另外,以 45°方向将小翼与导叶片进行倒圆角连接。可以看出,扩展出的小翼结构参数相对于叶栅节距而言是一个较小的值,并不影响实际安装。

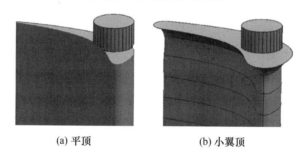

(a) 平顶　　　　　　(b) 小翼顶

图 4-23　研究的可调导叶叶端小翼结构

可调导叶的端部结构形式使得端部存在部分间隙以及由此引起的间隙泄漏流动。图 4-24 给出了零转角下叶端带有小翼的可调导叶及原型导叶的端部流线及机匣无量纲静压分布。旋转轴的存在减小了周向泄漏面积,从而对间隙泄漏起到一定的阻塞作用。另外,旋转轴将间隙泄漏流动分为两股:旋转轴前侧的间隙泄漏流动较弱,这主要是由于较小的横向压力梯度所致;而在旋转轴后侧,由于横向压力梯度较大,使得间隙泄漏流动比较强。由此可以看出,旋转轴后侧是叶端间隙泄漏的主要区域。

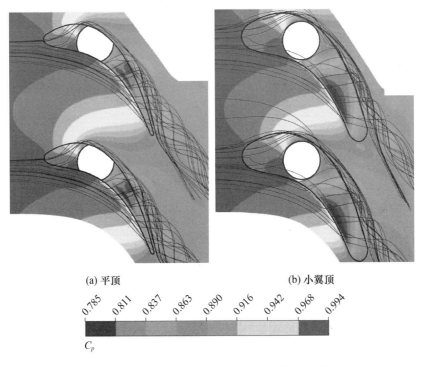

图4-24　叶端流线及机匣无量纲静压分布(见彩图)

从图4-24叶端流线及静压分布上也可以看出,沿流线方向,在旋转轴后侧存在一个低速回流区。考虑到旋转轴附近的流线方向与主要泄漏流动方向呈斜交状,由此可以推测出,旋转轴绕流效应与间隙泄漏流动之间存在比较明显的干扰。随后,泄漏流流出叶端间隙,间隙泄漏涡核形成,而旋转轴前侧的泄漏流则围绕着泄漏涡核形成泄漏涡。通过比较图4-24(a)与图4-24(b)可以看出,叶端带有小翼使得旋转轴后侧的低压区域向尾缘移动;并且,叶端带有小翼也使得低压区域变大,不过,间隙压力侧静压值有所减小,而吸力侧压力值则有明显增加,整体上叶端横向压力梯度得到降低,这可以从图4-25叶端小翼对近端部负荷分布的影响中得到证实。

从图4-25中也可以看出,旋转轴绕流效应对近端部的负荷分布形式产生了明显影响。尤其是在近间隙吸力侧,在旋转轴前侧附近,由于气流绕流旋转轴的影响,近端部压力急剧降低;在绕流旋转轴的过程中,近端部压力也有小幅

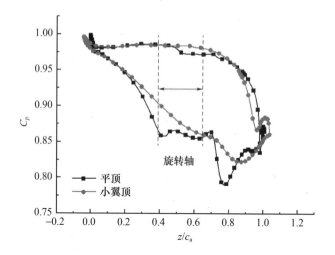

图 4-25　叶端小翼对近端部负荷分布的影响

波动;在旋转轴后侧,由于低速回流区的存在又使得近端部压力突然降低。叶端带有小翼则使得近叶端间隙压力侧和吸力侧的静压变化比较平滑,明显减小了旋转轴绕流效应的影响,并且近叶端负荷也有明显减小,这在一定程度上减小了间隙泄漏驱动力以及间隙泄漏流动。

以上分析也可以从两种叶端结构的 70% 轴向弦长位置截面马赫数对比分布中得到证实,如图 4-26 所示,其中右侧为吸力侧。如图 4-26 所示,由于叶端小翼结构明显减少了近叶端负荷,间隙内的泄漏射流速度也随之降低,并且间隙吸力侧泄漏涡所在的低速区范围也有明显减小。

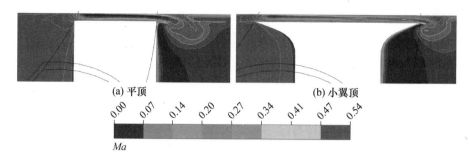

图 4-26　70% 轴向弦长位置截面马赫数分布(见彩图)

从图 4-27 可调导叶栅内熵增轮廓图中可以明显看到,在第 4 个截面也即旋转轴前侧之前区域,间隙泄漏引起的损失区范围及峰值并无明显变化,而在此之后,间隙泄漏损失有明显降低,尤其是在最后两个截面区域。

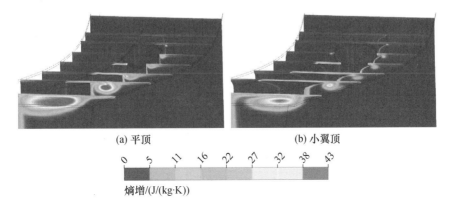

图 4-27 可调导叶栅内熵增轮廓图(见彩图)

可调导叶转动改变了导叶喉部面积,这不仅改变了变几何涡轮叶片负荷分布及其大小,还对涡轮叶栅通道损失以及与下游叶片列之间的匹配产生了重要影响。图 4-28 给出了不同转角下可调导叶栅总压损失系数对比。可调导叶关闭明显增加了通道损失,而可调导叶打开却减少了通道损失。此外,叶端带有小翼使得在所有转角下导叶通道损失都有明显降低。

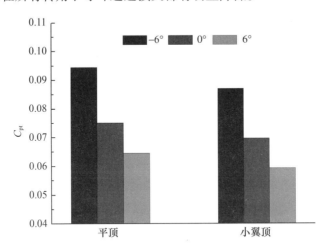

图 4-28 不同转角下可调导叶总压损失系数对比

图 4-29 给出了两种可调导叶叶端结构在不同转角下的节距平均出气角沿叶高分布。正如前人研究结果所指出那样,可调导叶关闭减小了出气角,而

可调导叶打开则增加了出气角,这满足了燃气轮机变几何涡轮调节工况的需求。从图4-29中还可以看出,在所有转角下,叶端带有小翼皆明显降低了导叶端部的气流欠偏转程度,尤其是在-6°转角下降低效果更为明显。

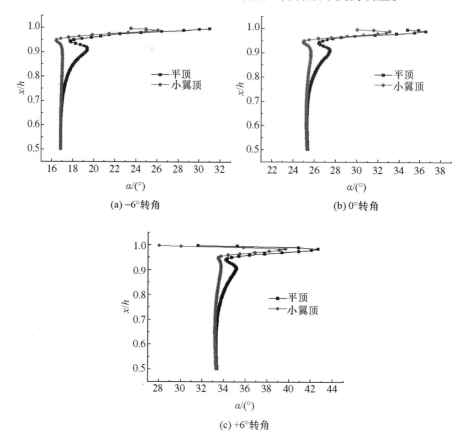

图4-29 不同转角下节距平均出气角沿叶高分布

需注意的是,可调导叶旋转轴后侧间隙是叶端间隙泄漏的主要区域。并且对于船用燃气轮机来说,在其90%寿命期以上都处在部分负荷工况下运行,这意味着可调导叶将长期处在关小或者关闭状态下运行,而这也进一步使得旋转轴后侧间隙成为主要的间隙泄漏区域。为了进一步减小可调导叶端部间隙泄漏流动,本小节尝试在叶端小翼基础上设置凹槽结构,以在减小间隙泄漏驱动力的基础上进一步增加泄漏流动阻力,从而明显减小间隙泄漏损失。初步设计的变几何涡轮可调导叶叶端凹槽状小翼结构如图4-30所示。在可调导叶旋转轴前后侧分别设置凹槽结构,其中凹槽肩壁宽度、深度分别为 1.4mm 和 1.8mm。

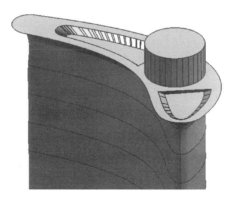

图 4-30 可调导叶端部凹槽状小翼结构

图 4-31 给出了不同叶端结构下节距平均总压损失系数沿叶高分布,其中叶端间隙为 1mm。正如所假设那样,叶端凹槽状小翼结构在小翼结构基础上进一步减小了叶端间隙泄漏损失。

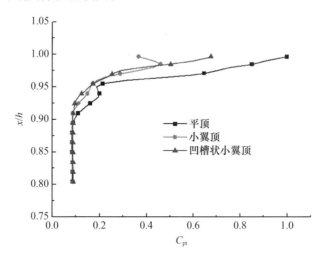

图 4-31 不同导叶端部结构下总压损失沿叶高分布

图 4-32 给出了可调导叶在不同叶端结构下的总压损失系数随间隙变化曲线,在叶端间隙分别为 1mm 和 2mm 下,叶端小翼结构和凹槽状小翼结构皆减少了可调导叶出口总压损失系数,凹槽状小翼结构下的损失更小,可调导

叶总压损失系数最大降低了 8.9%。不过,两种结构在不同间隙下对通道损失的控制效果却不一样。从图 4-32 中可以看出,叶端小翼结构增加了可调导叶性能对间隙变化的敏感性,而叶端小翼结合凹槽结构以后,则降低了对叶端间隙变化的敏感性,并且使得可调导叶性能对间隙变化的敏感性与原型相当。

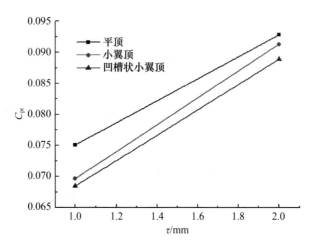

图 4-32　不同叶端结构总压损失系数随间隙变化曲线

## 4.2.2　大扩张角端壁可调导叶轴端修型技术

现代船用燃气轮机动力涡轮一般为大子午扩张结构,尤其是在导叶机匣部分,图 4-33 给出了 -6° 和 8° 转角下可调导叶片端部位置的情况,可以明显看出,当可调导叶关闭( -6°)时,在导叶片吸力侧顶部前侧,旋转轴端凸出于机匣,在顶部后侧,旋转轴端则有所凹陷;而在导叶片压力侧顶部的大部分区域,旋转轴端则几乎陷入机匣内侧,形成较大的凹陷(图中未给出),不管是凸起或者凹陷皆对端区流动产生干扰,并且随着旋转角度的增加而更加明显,从而恶化端区流动。同样地,当可调导叶打开(8°)时,则在可调导叶片压力侧顶部形成凸起,而在吸力侧顶部形成凹陷,同样对端区气流流动产生了明显干扰。因此可以推测出,对于大子午扩张变几何涡轮,不管是可调导叶打开还是关闭,旋转轴端皆对端区流动产生了明显干扰,带来较强的二次流动。并且,对于大子午扩张变几何涡轮,一般需要在可调导叶片端部给定较大的间隙,而这必然带来较强的泄漏流动,从而使得端区流动变得尤为复杂。

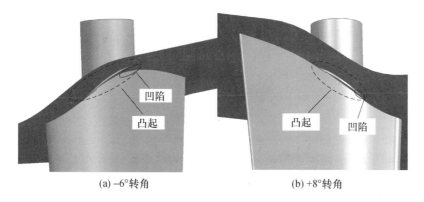

(a) -6°转角      (b) +8°转角

图 4-33   -6°和 8°转角下导叶片端部位置示意图

为了对变几何涡轮可调导叶进行调节设计,应首先充分认识导叶端部位置变化的问题:当导叶为 -6°转角时,改进旋转轴压力侧所产生凹陷的问题将提升 -6°转角下对应涡轮级的性能,但当导叶为 +6°转角时,旋转轴压力侧凸出于机匣的情况将会更严重。同样地,导叶为 +6°转角时,改进旋转轴吸力侧陷入机匣的问题,将会使得 -6°转角旋转轴吸力侧陷入机匣的深度更深。因此,认清变几何涡轮导叶调节时端部位置相对变化的问题,了解可调导叶端部间隙流动以及损失的相互干涉机制,进而寻求相对有效的大子午扩张变几何涡轮的导叶可调设计方法。

图 4-34 给出了导叶不同转角下沿轴向各截面的熵增分布,三种转角下压力侧叶顶没有出现明显的损失变化,而吸力侧则出现了不同程度的损失区。其中,可调导叶旋转轴的前端横向压力梯度较小,流速较低,熵增基本不变,损失较小。同时,流体沿着轴向的发展逐渐壮大,加之轴后间隙的存在,伴随着导叶轴后横向驱动力的增加,三种情况都出现了比较剧烈的泄漏涡核损失区。

当导叶转角为 -6°时,虽然压力侧轴端相对轴孔位置为凹陷,但没有产生明显的损失变化。同时,吸力侧轴端产生了尺度较小的涡系,涡系的强度与尺度比较小。观察导叶旋转轴的后侧,压力侧端区的低能流体,在横向压力梯度的作用下,演化成了叶顶间隙泄漏涡,并且随着流向的发展,涡系的尺度与强度逐步加强,形成了一个端区损失的集中区。

当导叶转角为 0°时,压力侧叶顶熵增区域基本没有变化,损失较小。虽然 0°转角时相对轴孔位置没有凸起与凹陷的状况,但在吸力侧前端仍然出现了小尺度的涡系,并且随着流动向下游发展,在经过导叶旋转轴时涡系逐渐加强,最

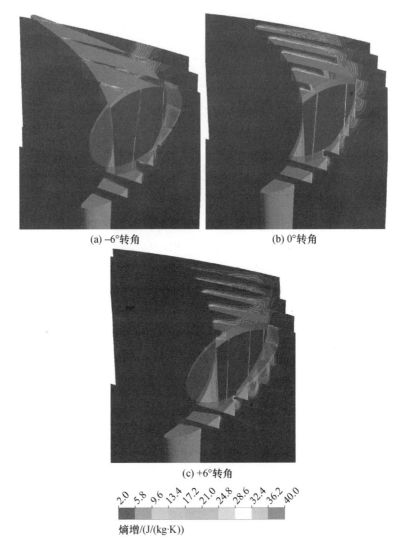

图 4-34 可调导叶不同转角下的熵增分布情况(见彩图)

后发展为通道涡。在导叶旋转轴后侧,横向压力梯度的驱使使得流体在间隙处形成较强的间隙泄漏涡核,随着流动发展,逐步汇入吸力侧形成的通道涡中。与 -6°转角情况相比,导叶旋转轴后侧泄漏涡尺度与强度较小。

当导叶转角为 +6°时,压力侧轴端相对轴孔位置成凸起状况,但却没有出现明显的损失情况。然而,在导叶吸力侧,由前缘形成了一个尺度较小的涡系,在发展到轴端凹槽区域时,涡系尺度逐步加大,发展成了一个局部损失加剧的区域。此时,在导叶旋转轴后侧形成的间隙泄漏涡,尺度与强度均小于其他两种转角。

基于对可调导叶端部流场的分析,不同转角下导叶端部结构对流动损失的影响程度有一定差异,且可以发现:对于可调导叶旋转轴端部流动损失的影响而言,吸力侧大于压力侧,凹槽大于凸起。为此,本小节拟对导叶旋转轴端部进行重新设计。图 4-35 给出了变几何涡轮导叶轴端设计方法,即是以原型旋转轴的椭圆型剖面中心顺时针旋转,使得吸力侧轴端下表面下移,压力侧旋转轴面不变,以减弱导叶在正转角轴端相对位置为凹槽的程度。旋转角度分别为 1°、2°、3°、4°,分别记为 +1 轴方案,+2 轴方案,依此类推。选用此种导叶的轴端设计方法,目的是降低 +6°转角情况下导叶轴端陷入机匣的深度。不过,此种轴端设计方法也会使得导叶在 0°转角时,吸力侧轴端凸出于机匣,同样如图 4-35(b)右侧所示,因而也会使得 -6°转角下导叶轴端压力侧凸起更为严重,但总体上该设计可降低多转角工况下轴端引起的损失。

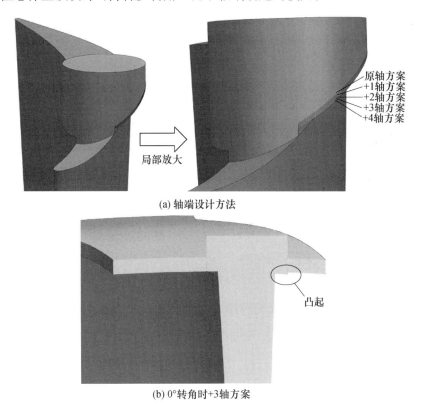

图 4-35　变几何涡轮导叶轴端设计方法及 0°转角时 +3 轴方案

为了验证此种变几何涡轮导叶可调设计方法的优劣性,下文将细致分析端区的流场变化以及损失分布情况,以确定相对最优的导叶可调设计方法。需注意的是,由于本小节的修改方案是针对+6°转角时旋转轴端部的凹槽状态,为了验证方案的可行性,首先分析导叶转角为+6°时的端部流场变化。图4-36为+6°转角时不同方案的熵增分布图,对比轴端吸力侧凹槽处,新提出四种方案的端部熵增峰值区与原轴端方案相比较小,且不同截面熵增的尺度较低,对轴端流动的损失控制有一定的作用。同时,改型方案下导叶的尾迹演化趋势基本相同,但其对于尾迹尺度的控制要优于原轴端方案。仔细观察不同导叶轴端的流场变化趋势,随着吸力侧轴端凹槽的深度逐渐变浅,损失程度逐渐降低,+3轴方案轴端流场表现最为理想。

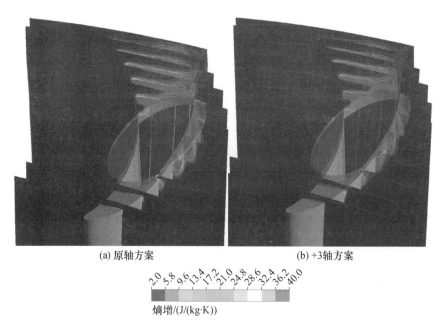

(a) 原轴方案　　　　　　　　(b) +3轴方案

熵增/(J/(kg·K))

图4-36　+6°转角时不同轴端方案沿轴向各截面的熵增变化图(见彩图)

图4-37为五种方案在+6°转角时,70%叶高以上沿轴向经质量平均的总压损失系数分布图,在经过旋转轴前端后,新提出四种方案的总压损失较原方案开始降低,沿着流向发展后,四种方案的损失情况均低于原方案。其中,+3轴方案与+4轴方案的总压损失变化趋势基本一致,因此导叶旋转轴吸力侧相对凹槽深度已经很浅,此时的流场结构已经不会被吸力侧凹槽的形态所影响。

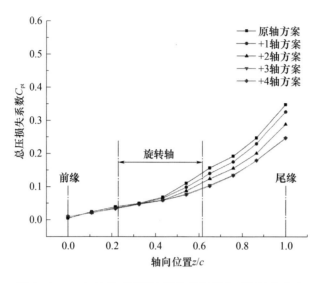

图 4-37　+6°转角时不同方案的总压损失系数轴向分布

表 4-8 为不同转角下五种方案的效率和流量变化。正如上文预测,在 0°转角的情况下,新提出的四种轴端方案的效率较原轴方案来说均有所下降,但效率下降幅度不高,这是由于导叶压力侧轴端相对机匣轴孔的位置为凸起,不再是严丝合缝。在+6°转角的情况下,新提出四种轴端方案的效率都有一定程度的提升,最高提升了 0.29%。在-6°转角的情况下,新轴端方案的效率并没有因为旋转轴端部更加凸出于机匣而导致效率明显下降,仅在+4 轴方案时下降程度较其他方案多。因此,由不同方案的计算结果可以印证上文的分析,即导叶轴端相对机匣轴孔的位置为凹槽,更容易恶化变几何涡轮的端区流动情况。

表 4-8　不同轴端改进方案下变几何涡轮效率和流量变化情况

| 转角方案 | -6°转角 | | 0°转角 | | +6°转角 | |
|---|---|---|---|---|---|---|
| | 流量(-) | 效率 | 流量(-) | 效率 | 流量(-) | 效率 |
| 原轴方案 | 88.6886% | 0.7790 | 91.5926% | 1.0000 | 91.9568% | 1.1297 |
| +1 轴方案 | 88.6797% | 0.7785 | 91.5869% | 0.9997 | 91.9628% | 1.1303 |
| +2 轴方案 | 88.6707% | 0.7780 | 91.5843% | 0.9995 | 91.9927% | 1.1315 |
| +3 轴方案 | 88.6691% | 0.7779 | 91.5814% | 0.9992 | 92.2142% | 1.1318 |
| +4 轴方案 | 88.5661% | 0.7773 | 91.5595% | 0.9987 | 92.2248% | 1.1319 |

由表4-8中导叶转角对流量的影响可以看到,在+6°转角时,新轴端方案使导叶的流量值均有所提高,这是由于吸力侧轴端凹槽的深度逐渐减小,低速回流区减小所致。另外,在0°与-6°转角时,新轴端方案的流量与原型相比均有些许降低,这是因为压力侧轴端凸起的相对高度增加,产生了绕流区,阻碍了流体的流动所致。五种方案下各个转角的流量变化程度比较小,最大流量变化为原型方案的0.21%,从而可以保证变几何涡轮级间的流量匹配。

综合五种方案的端区流动特点与损失分布情况,新提出的导叶可调设计方法可以有效提高变几何涡轮的宽工况特性。其中,+3轴方案整体的表现最好,在+6°转角时,效率提升了0.29%。同时,在0°与-6°转角时,与原型轴端方案相比,效率基本不变。可见,对导叶旋转轴端部吸力侧凹槽处进行一定程度的优化,对导叶的可调设计来说不可或缺,由此可见,+3轴方案在目前所研究五种方案中的性能最佳。

### 4.2.3 可调导叶叶端机匣处理技术

基于对涡轮叶顶泄漏流动结构及其损失产生机理的深入理解,不同类型的措施被用来控制叶顶泄漏流动导致的掺混损失,除了上文所述的可调导叶端部处理技术之外,还有机匣端壁造型技术,图4-38给出了三种机匣端壁造型结构,其中图4-38(a)为原型机匣端壁结构;图4-38(b)为后台阶结构存在时的台阶机匣结构,前台阶布置在叶片前缘上游15%轴向弦长位置,后台阶布置在叶片尾缘下游25%轴向弦长位置;在图4-38(b)基础上,将后台阶面用平滑斜面代替,试图将槽内的气流平稳地引入主流,从而形成图4-38(c)所示的沟槽机匣结构;在图4-38(d)中,前后台阶面都用弧面代替,以便获得一个比较光滑的机匣端壁。限于篇幅,具体流场结果及总体性能参加文献。

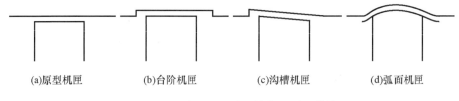

(a)原型机匣　　(b)台阶机匣　　(c)沟槽机匣　　(d)弧面机匣

图4-38　研究的机匣端壁结构(左侧:前缘)

机匣端壁造型减小间隙泄漏的物理机制也可以从图4-39不同机匣结构下台阶后侧偏转角减小机制中看到,图中给出了动叶进口、前台阶和叶片前缘的中间位置以及动叶出口三个位置处的速度三角形,并且用于计算速度三角形的区域位于近机匣侧5%叶高范围。由以上小节的分析可知,其受动叶通道内朝向吸力面的横向压力梯度的影响,在前台阶后侧存在许多螺旋横向二次流动。沟槽机匣中螺旋横向分离流的偏转角大于台阶机匣和弧线机匣,这意味着沟槽机匣中台阶后侧存在着更为强烈的分离涡流,其对向下游的直接泄漏流动产生最大的堵塞作用,然而在弧形机匣中直接泄漏流动却是最弱的。并且,从图中也可以定性地对叶顶后部的间接泄漏流动进行分析,由于动叶通道内压力场作用,台阶后侧螺旋分离流折转意味着台阶后侧流体提前做功,这减小了叶片近顶部的做功量,进而减小了叶顶间隙泄漏损失。

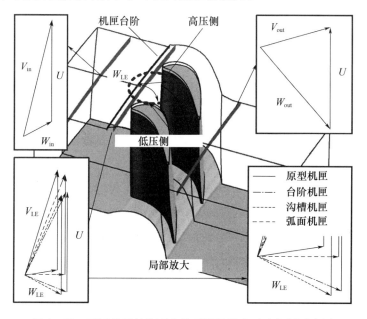

图4-39 不同机匣结构下台阶后侧偏转角减小机制示意图

正由于机匣端壁造型处理技术的有效性,其已经在实际可调导叶调节设计上得到工程应用,具体参见沈阳航空发动机研究所的设计工作,见图4-40,其导向叶片采用球面端壁设计,同时在机匣上设计型槽,以增加燃气流动阻力,形成燃气涡旋,减小导向叶片安装角变化引起的附加损失。

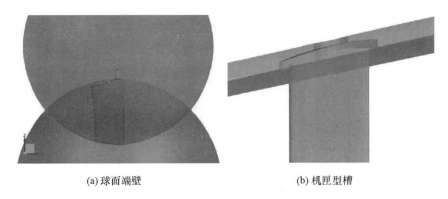

(a) 球面端壁　　　　　(b) 机匣型槽

图 4-40　机匣处理在可调导叶端部结构设计上的应用(见彩图)

## 4.3　基于台阶型球面端壁的大扩张角端壁可调导叶调节设计

### 4.3.1　不同转角下可调导叶端部间隙弦向分布规律

图 4-41 给出了一种典型的大扩张角端壁可调导叶结构,当可调导叶转动时,端部间隙变得非均匀,且在不同的转角下存在不同的非均匀间隙形态。图 4-42 给出了导叶在关闭和打开两个极限位置(导叶喉部面积减少或增加 30%)下的导叶端部间隙弦向分布规律,其转角分别为 $-6°$ 和 $+8°$。基于工程实际经验,为了确保在真实操作条件下导叶可以光滑转动,导叶端部热态间隙应至少为 0.5mm,且在零转角下该热态间隙为弦向均匀分布。如图 4-41(a)所示,在 $-6°$ 转角位置,绝大部分隙间隙位置,轮毂间隙略微增加,然而,机匣间隙变化最为明显,在导叶前侧,间隙增加,而在导叶后侧,间隙迅速减小。图 4-41(b)所示的 $+8°$ 转角位置,在绝大部分隙间隙位置,轮毂间隙略微减小,而机匣间隙变化同样显著。可以推测出,为了确保在不同的转角下所有位置的热态间隙取值至少为 0.5mm 安全间隙,最初的设计热态间隙至少为 2.1mm,而该较大的间隙自然会带来更多的导叶端部间隙泄漏损失,严重恶化变几何涡轮性能。因此,传统的变几何涡轮可调导叶调节设计方法显然难以直接应用于大子午扩张涡轮。

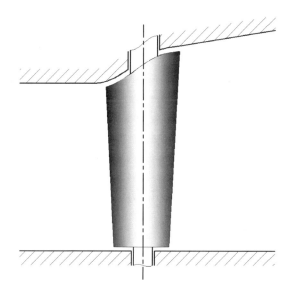

图4-41 典型大扩张角端壁可调导叶结构

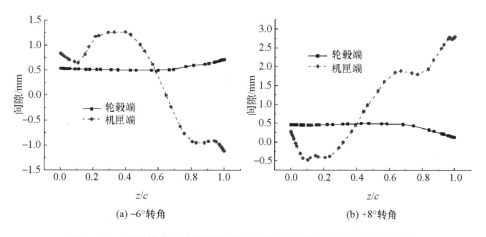

(a) -6°转角

(b) +8°转角

图4-42 不同转角下大扩张角端壁可调导叶端部间隙弦向分布规律

## 4.3.2 台阶型球面端壁造型方法的提出

基于对大扩张角端壁可调导叶端区流动和结构特征以及间隙泄漏流动控制的清晰认识,台阶型球面端壁造型方法被提出,其主要目的是避免传统可调导叶调节设计带来的间隙高度改变的问题。

图 4-43 给出了提出的台阶型球面端壁造型方法的示意图,灰色代表着台阶型球面端壁与原始端壁之间的变化情况。在大子午扩张涡轮的变几何设计时,有四个关键因素需重点考虑:①导叶机匣端壁是球面结构,且球面中心位于燃气轮机旋转轴线上,以确保导叶转动时间隙保持不变;②在机匣/轮毂的球面端壁上下游引入台阶,以期最大程度上匹配原始 S 型端壁型线,其目的在于确保改动最小,并且为了减少端部间隙泄漏损失,此外,球面端壁需包含所有转角下导叶前缘和尾缘的移动范围;③导叶及其转轴子午面前倾,以期进一步匹配原始 S 型端壁型线,并且导叶前倾,即正交化设计以同时降低大扩张角端壁区域二次流损失,需注意的是,要维持可调导叶与下游动叶间的最小轴向间隙不变;④叶端凹槽设计被采纳以进一步降低端区泄漏损失。

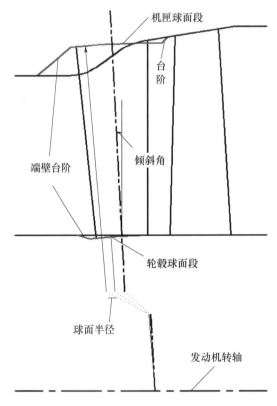

图 4-43 提出的台阶型球面端壁造型方法

基于上述台阶型球面端壁造型方法,新设计的变几何涡轮级如图 4-44 所示,旋转轴子午面前倾3°,机匣端与轮毂端旋转轴直径分别为 28mm 和 20mm。

需注意的是,在大子午扩张涡轮的变几何设计时,导叶叶型维持不变。对于叶端凹槽结构,间壁宽度为 0.77mm,凹槽深度为 1mm。

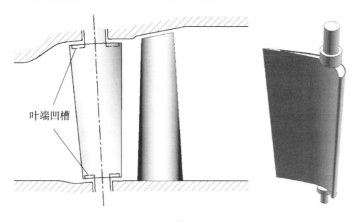

图 4-44　新设计变几何涡轮级

## 4.3.3　设计结果及分析

很显见的是,可调导叶与固定几何导叶相比最明显的流场差别是其端部间隙泄漏区域及其与端部通道涡之间的流动干扰。图 4-45 给出了可调导叶前缘流场结构,有一个比较明显的回流区存在于导叶前缘,这主要是机匣区域逆压梯度造成的流动分离所致。基于作者以前的研究工作,可以推测出该明显的回流区对沿流向通过间隙的直接泄漏流动造成了阻塞作用,因而在某种程度上减少了端部间隙泄漏损失。然而,需注意的是,该回流区相对较大,造成了额外的分离损失。因此可知,当前给出的机匣端壁结构还需要进一步优化。

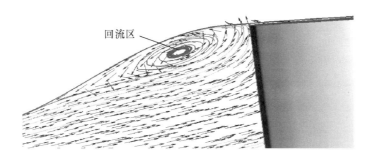

图 4-45　可调导叶前缘流场结构

图 4-46 给出了固定几何和变几何导叶近间隙吸力侧极限流线分布对比，对于可调导叶，由于端部间隙泄漏流的引入，端部二次流在某种程度上得到削弱，分离线更趋近于导叶顶部，这意味着旋涡干扰影响的展向范围显著缩小。尽管如此，如图 4-47 所示，由于端部间隙泄漏流的存在，端区损失明显增加。这也可以从图 4-48(a)中得到证实。另外，从图 4-48(a)中也可以看到，在零转角下，导叶端部二次流损失有明显降低，这主要是由于轮毂端壁二次流和间隙泄漏流的相互干扰带来的流场变化所引起；并且，在叶身区域的叶型流动损失也有明显降低。

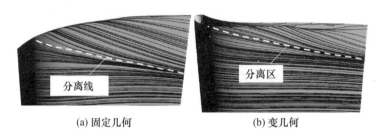

图 4-46　固定几何和变几何导叶近间隙吸力侧极限流线分布对比

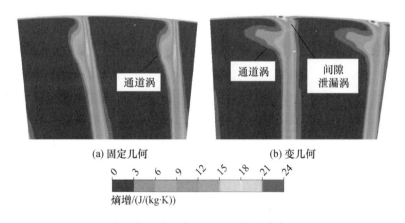

图 4-47　固定几何和变几何导叶出口熵增分布对比(见彩图)

通过对比图 4-48(a)和图 4-48(b)可知，导叶可调同时影响到了下游动叶流场，动叶端区间隙泄漏损失有明显增加，这是由于不利的进口条件所致。此外，动叶轮毂端区二次流略微增加。随着流动向下游发展，导叶可调对导叶的影响明显大于其对下游动叶的影响，即是导叶可调带来的影响逐渐减弱。

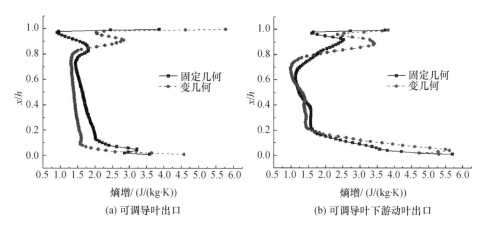

(a) 可调导叶出口　　　　　　　　(b) 可调导叶下游动叶出口

图 4-48　固定几何和变几何涡轮各叶片列出口熵增沿叶高分布对比

以上分析也可以从图 4-49、图 4-50 和图 4-51 中得到证实。随着通道流动向下游发展,固定几何涡轮和变几何涡轮的马赫数分布差异逐渐缩小,且在末级动叶的马赫数分布和动叶片负荷分布上已看不到区别。

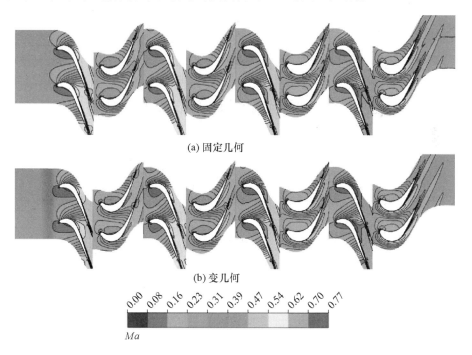

图 4-49　固定几何和变几何四级涡轮 5% 叶高截面马赫数分布对比(见彩图)

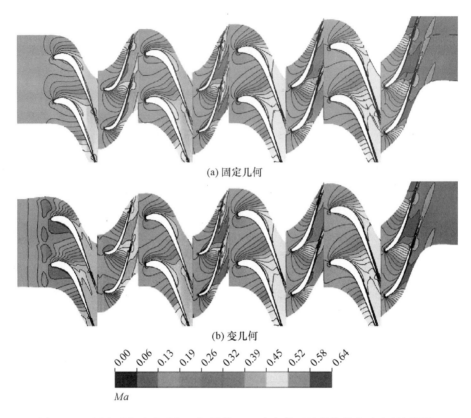

图4-50 固定几何和变几何四级涡轮95%叶高截面马赫数分布对比(见彩图)

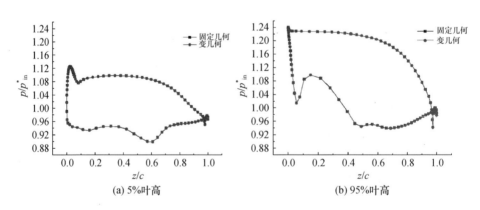

图4-51 固定几何和变几何涡轮末级动叶片负荷分布对比

表 4-9 给出了固定几何和变几何涡轮设计点总体性能对比,数据来自于数值计算,叶片列间交界面对于损失预估的影响也已考虑。与固定几何涡轮相比,在涡轮进口流量保持不变的前提下,虽然可调导叶级涡轮效率降低了 0.3%,但四级涡轮总体效率基本保持不变,四级涡轮总的熵增也基本不变。这意味着,整体涡轮效率对单叶片列引起的效率变化不敏感,尽管理论分析认为这种影响是线性的。事实上,当流体在不同的涡轮级间传播时,流动将进行掺混,冲角影响将被抹平,但流动掺混引起的熵不会消失;然而,由于导叶前掠的积极影响,其对主流区域的流动进行加速,因此降低了叶身损失,因此总的叶片损失基本维持不变。当前的计算结果也证实了台阶型球面端壁造型方法可用于大子午扩张涡轮的变几何设计。

表 4-9 固定几何和变几何涡轮设计点总体性能对比

| 参数 | 涡轮流量(-) | 可调导叶级效率 | 四级涡轮效率 | 总熵增(排除交界面计算影响)/(J/(kg·K)) |
|---|---|---|---|---|
| 固定几何 | 1 | 94.9% | 94.78% | 19.59 |
| 变几何 | 1.00085 | 94.6% | 94.77% | 19.72 |
| 增量 | 0.00085 | -0.3% | -0.01% | 0.13 |

图 4-52 给出了固定几何和变几何涡轮等设计转速下的气动特性,在特定的压比下,涡轮等熵效率随着导叶转角从零转角变为打开或关小而降低。在设

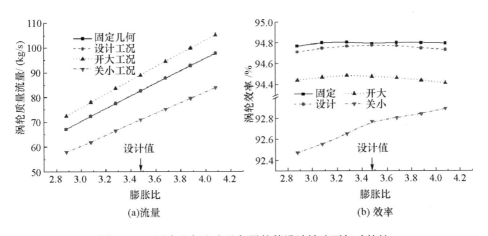

图 4-52 固定几何和变几何涡轮等设计转速下气动特性

计压比下,随着导叶打开,新设计可调导叶对涡轮性能的影响较小,效率仅仅降低了 0.3%;然而,其对涡轮流量影响较大,流量增加了 7.7%。随着导叶关小,变几何对涡轮性能产生了显著影响,具体表现在:在设计压比下,涡轮流量降低了 14% 的代价是涡轮效率同时降低了 2%。另外,导叶关小引起的涡轮效率下降幅度远大于导叶打开,这主要是由于导叶可调引起的气流冲角影响所致。

## 4.4 大扩张角端壁可调导叶全三维调节设计概念的提出和验证

### 4.4.1 调节设计概念的提出

本小节的研究对象为导叶机匣扩张角大约为 27° 的涡轮。由于涡轮存在一个大扩张角,故其端壁间隙需要给定一个较大值才可确保自由转动。为了减小可调导叶端部间隙泄漏损失,本小节提出采用高负荷设计以减少叶片数的方法,并增大圆盘型冠直径(即间隙位置转轴直径)而减小总的周向泄漏面积;结合导叶进行后加载改型以减小由于高负荷设计所增加的二次流损失,总体上降低导叶可调带来的端部损失。对于减小间隙泄漏面积的研究,国内外的学者则没有过多涉猎,而对于可调导叶带圆盘型冠结构方面的研究迄今尚未见相关报道。为了验证改型后变几何涡轮的性能,本小节针对三种不同的涡轮:定几何涡轮、仅有旋转轴的传统变几何涡轮、带有圆盘型冠且结合后加载叶型的变几何涡轮进行数值模拟,详细比较三种涡轮性能的优劣,并在此基础上研究带有圆盘型冠及后加载叶型的可调导叶的气动特性。

### 4.4.2 方案设计验证

由于叶片端区的圆盘型冠直径受到叶片的稠度限制,如果在原有的叶型上增添圆盘型冠会引起涡轮圆盘型冠之间的结构干涉,故本小节采用高负荷设计来避免这种干涉,并且缩小叶片稠度对圆盘型冠的限制范围。在选择计算方案时,如果仅进行高负荷设计而不改变叶型,则无法消除高负荷所带来的负面影响,从而无法达到设计目的。因此,本小节采用带有圆盘型冠结合后加载叶型的变几何涡轮与原始叶型变几何涡轮的对比,以更好地说明新设计涡轮的性能优劣。

本小节对原型定几何涡轮、仅有旋转轴的原型叶片的变几何涡轮和减少了叶片数并结合后加载叶型的变几何涡轮三种方案进行数值计算与分析,如图4-53所示,其中:①定几何涡轮:叶片数为64片,叶根与叶顶处无间隙;②仅有旋转轴的变几何涡轮(采用原始叶型涡轮):转轴位于50%弦长位置,叶顶处转轴的直径28mm,叶根处转轴的直径20mm,叶片数为64片,叶顶间隙为2.1mm,叶根间隙为0.9mm;③带圆盘型冠的变几何涡轮(采用新设计后加载叶型涡轮):转轴位于50%弦长位置,叶顶圆盘型冠直径为92.2mm,叶根处圆盘型冠直径为73.7mm,叶片数为52片,叶顶间隙为2.1mm,叶根间隙为0.9mm。三种涡轮叶片计算中所带动叶的顶部间隙均为0.5mm,三种燃气轮机动力涡轮模型动叶的叶片数均为76片。

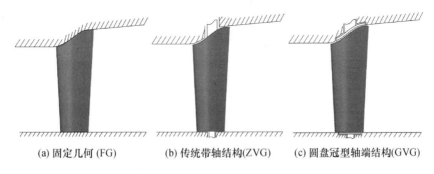

(a) 固定几何 (FG)　　(b) 传统带轴结构(ZVG)　　(c) 圆盘冠型轴端结构(GVG)

图4-53　三种变几何涡轮可调导叶结构

图4-54给出了新设计(NT)可调导叶的叶型示意图,相比原型(OG),新设计可调导叶叶型喉部后移,以使得叶型载荷后移,达到后加载叶型设计的目的。

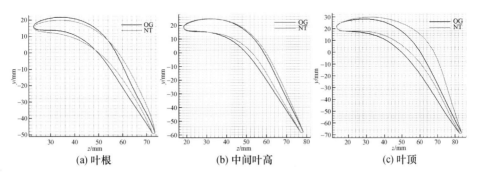

(a) 叶根　　　　　　　(b) 中间叶高　　　　　　(c) 叶顶

图4-54　新设计可调导叶叶型示意图

### 4.4.3 设计结果及分析

图 4-55 为三种变几何涡轮可调导叶叶型负荷分布对比,在 5% 叶高处,三种涡轮相比,定几何涡轮的负荷分布与仅有旋转轴的变几何涡轮基本一致;而带有圆盘型冠的变几何涡轮相比其他两种涡轮,最大负荷位置向后移动,气流的再出口段的膨胀程度明显增加,同时由于最大负荷位置的后移缩短了尾缘附近的轴向和径向的逆压梯度段,从而减小了逆压梯度值。由此可见,结合叶片后加载改型措施的涡轮在叶顶部分的气流流动得到了优化。在 50% 叶高处,能看到三种涡轮的负荷分布比较相近,其中带有圆盘型冠的变几何涡轮的最大负荷位置虽然也向后移动,但其后移程度较叶顶与叶根有所减弱,在后半段的逆压梯度段的范围小于其他两种涡轮叶片,所以涡轮叶型逆压梯度段的长度和变化范围都得到了优化。在 95% 叶高处,带圆盘型冠的变几何涡轮与其他两种涡轮相比较,呈现出明显后部加载的形式,在后半段存在逆压梯度段,但与其他两种涡轮相比较,在逆压梯度更加平缓的同时,前半部分的顺压梯度与其他两种涡轮相似,流动比较平缓,减小了端部的流动损失。因此,定几何涡轮与仅有旋转轴的变几何涡轮的最大负荷皆集中在涡轮叶片的中部区域,而带圆盘型冠的变几何涡轮的最大负荷位置则向后部移动。这是由于对变几何涡轮叶片进行后加载改型,移动了叶片的负荷分布,从而达到对叶片进行气动优化的目的。

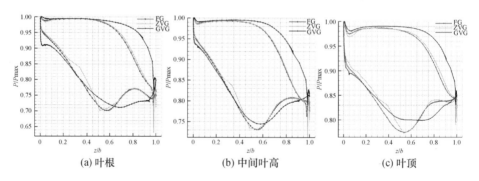

图 4-55 三种变几何涡轮可调导叶叶型负荷分布对比

图 4-56 给出了三种变几何涡轮可调导叶出口熵分布对比。叶栅流道内的损失原因很多:可调导叶两端泄漏损失,导叶表面存在叶型损失,而叶片前缘马蹄涡的分支和端壁二次流组成的通道涡也导致流动损失。由图 4-56(a) 可以看出,由于子午扩张给流道带来了较强的通道涡,并且此通道涡远离机匣,因

此可知在此涡轮设计时,子午扩张度与叶片的损失大小之间应该存在一个平衡点,而通过对图 4-56 的分析可知:原始涡轮在设计时已利用此平衡点,达到损失大小与子午扩张度之间的最佳平衡。另外,定几何涡轮导叶端部不存在间隙,出口损失较少,主流区的通道涡构成主要的熵增区域。而仅有旋转轴的变几何涡轮的导叶由于间隙的存在,导叶出口截面高熵区主要包含上下间隙泄漏涡和上下端壁通道涡。其中由于仅有旋转轴的变几何涡轮的端部间隙尺度比较大,从而导致了上下端区处强烈的间隙泄漏涡,并且上端区处的间隙泄漏涡范围已经扩展到了上端壁通道涡区域,呈现融合的趋势。

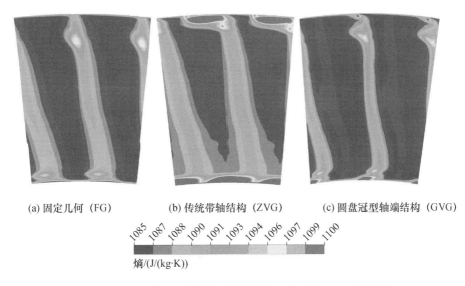

(a) 固定几何(FG)　　　(b) 传统带轴结构(ZVG)　　　(c) 圆盘冠型轴端结构(GVG)

熵/(J/(kg·K))

图 4-56　三种变几何涡轮可调导叶出口熵分布对比(见彩图)

本小节利用圆盘型冠以减小叶片的周向泄漏面积,进而减小端区间隙泄漏损失;然而,高负荷设计会带来间隙泄漏驱动力的增强,这将会增加间隙泄漏损失;平衡这两者之间的关系尤为重要。通过图 4-56(b)与图 4-56(c)对比可知,图 4-56(c)中的间隙泄漏涡较图 4-56(b)的范围有明显减小,总体上,本小节利用结合后加载叶型的高负荷设计有效地减少了间隙泄漏损失,从而解决了上文提出的问题。而下端壁处的间隙泄漏涡已经与下端壁通道涡融合,形成了更强烈的泄漏涡。由于间隙泄漏涡与通道涡的相互干涉只有在适当间隙下才能被利用,故在大间隙下的间隙泄漏流动会明显地影响涡轮的性能。而在带有圆盘型冠的变几何涡轮的出口熵分布中可以看到,由于圆盘型冠的存在明显地抑制了间隙泄漏损失,上下端区内泄漏涡的强度变得很弱,已经不能影响相邻区域的通道涡。从图4-56上还可以看到,由于后加载改型措施的使用,通道涡也没有明显地增加,这说明后加载叶型成功地抑制住了由于高负荷设计所产生的二次流流动,明显地提升了变几何涡轮的气动性能。

图4-57为三种变几何涡轮可调导叶出口总压损失沿叶高分布对比,可以看出定几何涡轮与带圆盘型冠变几何涡轮在叶高10%～90%相差不大。三种涡轮总压损失系数在80%～95%叶高附近有非常明显的下降,其中定几何涡轮下降了0.03～0.04,仅有旋转轴的变几何涡轮下降了0.02～0.03,带有圆盘型冠的变几何涡轮则下降了约0.02。从10%～90%叶高处,三种叶片的总压损失系数基本一致,其中带有圆盘型冠的变几何涡轮在此范围的总压损失系数略低于其他两种涡轮。从10%叶高一直到叶根处,三种涡轮叶片的总压损失系数又有了下降,其中定几何涡轮下降非常明显,大约下降了0.05,而仅有旋转轴的变几何涡轮与带有圆盘型冠的变几何涡轮的下降趋势不是非常明显。从整体参数看,原型定几何涡轮的出口总压损失系数为0.186,仅有旋转轴的变几何涡轮出口总压损失系数为0.384,带圆盘型冠的变几何涡轮的出口总压损失系数为0.172,这清晰地说明带有圆盘型冠对于变几何涡轮的性能有大幅度提升。因此,在叶顶和叶根部分,带有圆盘型冠的变几何涡轮的造型优化有利于抑制

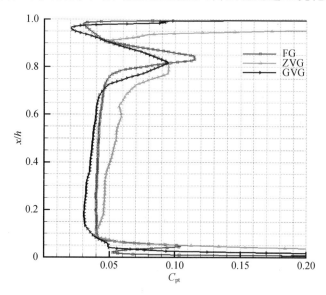

图4-57 三种变几何涡轮可调导叶出口总压损失沿叶高分布对比

端部间隙泄漏流动,且显著降低了端部二次流损失,在叶中部分也由于后加载叶型的采用降低了流动损失,总体上带有圆盘型冠变几何涡轮的性能强于仅有旋转轴的变几何涡轮。

表4-10为三种变几何涡轮设计点气动性能对比,在流量变化不大的情况下,带有圆盘型冠变几何涡轮的效率略小于定几何涡轮;而相比于仅有旋转轴的变几何涡轮,其效率则提升了3.14%。这表明在大间隙尺度下,叶片端部增加圆盘型冠能明显改善涡轮气动效率。并且对比三种涡轮的流量参数可以看出,在总流量基本一致的情况下,带圆盘型冠变几何涡轮的间隙泄漏量较仅有旋转轴的变几何涡轮减小了98.2%,这说明带有圆盘型冠的变几何涡轮较仅有旋转轴的变几何涡轮对叶片端部间隙泄漏流动的抑制程度更强,而带圆盘型冠变几何涡轮的功率略大于定几何涡轮,比仅有旋转轴的变几何涡轮提升了2.6%。因此总体上,带有圆盘型冠的变几何涡轮在气动性能上优于仅有旋转轴的变几何涡轮。

表4-10  三种变几何涡轮设计点气动性能对比

| 涡轮类型 | 固定几何 | 传统带轴结构 | 圆盘冠型轴端结构 |
| --- | --- | --- | --- |
| 出口流量 | 1 | 1.0005 | 1.0004 |
| 效率 | 94.33% | 91.15% | 94.29% |
| 间隙泄漏量/(kg/s) | — | 3.4 | 0.06 |
| 功率 | 1 | 0.9752 | 1.0010 |

图4-58给出了新设计变几何涡轮的变工况特性,随着膨胀比的增加,涡轮的出口流量呈增加的趋势,并且还可以看到五条特性曲线皆随着转角的增加,呈上升趋势,且定几何涡轮与折转角在0°时的带圆盘型冠变几何涡轮的流量特性曲线基本重合。另外,导叶正向旋转(0°～+4°)的过程中,流量增加了约9.8%,导叶继续正向旋转(+4°～+6°)的过程中,流量进一步增加了约3.8%;同样地,在导叶反向旋转(0°～-4°)的过程中,流量减小了约13.04%,导叶在继续反向旋转(-4°～-6°)的过程中,流量进一步减小了约9.8%。这是由于随着转角由-6°、-4°逐渐向+4°、+6°变化,叶栅通道内的喉部面积不断变大,导致出口质量流量变大,所以转角的变化导致了涡轮流量的变化。从图4-58中还可以看到,每一条涡轮特性线的效率随着膨胀比的增加先上升后下降,其中0°转角的变几何涡轮较定几何涡轮的特性线有些许升高,但大体与

其相当。经过分析效率特性曲线可知,在设计工况,变几何涡轮的气动性能较好,而在低膨胀比时,转角较小的变几何涡轮的效率与定几何涡轮相近,这表明在低工况时可以通过减小折转角来控制涡轮功率并且能保证其效率不会降低;而在高膨胀比时,转角增大的变几何涡轮的效率特性线明显高于定几何涡轮,这表明在高工况时通过增加转角可以有效地控制涡轮流量,并且保证气动效率的提高。总体上,提出的新型带圆盘型冠的大子午扩张变几何涡轮具有较佳的全工况气动性能。

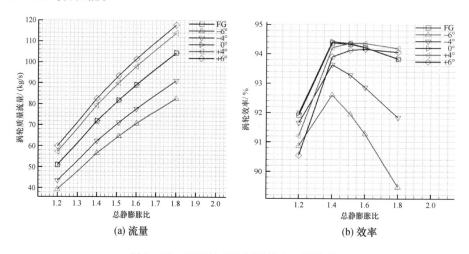

图 4-58 新设计变几何涡轮变工况特性

## 4.5 变几何涡轮可调导叶转角调节方法与规律

采用变几何动力涡轮技术的燃气轮机,可以随着工况的改变,调整动力涡轮可调导叶的安装角,从而重新分配燃气发生器涡轮和动力涡轮之间的焓降,并且可以使整个机组随着工况的变化按所需要的共同工作线走向运行。另外,从理论分析上知道,对整个燃气轮机机组,在确定的环境状态下,按压气机轴功率平衡条件,燃气发生器的气动参数只有两个独立变量,如给定燃气初温和低压压气机转速,可以确定动力涡轮进口的温度、压力、低压压气机进口空气流量和耗油率等燃气发生器气动参数。据此可由动力涡轮的膨胀比和折合流量以及通用特性曲线确定动力涡轮转速、效率和功率,而通过引入外特性即功率与转速关系,可以进一步确定给定燃气初温和与之匹配的低压压气机转速的平衡工作点。选取不同的燃气初温可描绘出平衡工作线,特别是可得到耗油率与功率的关系曲线。在此基础上,由不同可调导叶转角的耗油率包络线,可确定耗油率为最小极值的转角与功率的变化规律。类似地,可给出起动过程、加速过程、保证喘振裕度等的变几何动力涡轮可调导叶的转角变化规律。

### 4.5.1 简单循环燃气轮机

双轴燃气发生器在非设计工况下具有较高的部件效率和热效率,负荷的适应性强,特别适合船用燃气轮机使用。采用双轴燃气发生器和动力涡轮的三轴燃气轮机在船用燃气轮机领域获得了广泛应用。如采用了简单循环的燃气轮机 MT30、GT25000,以及采用了间冷回热和变几何动力涡轮三大关键技术的 WR-21 燃气轮机等。三轴燃气轮机与分轴燃气轮机或单轴燃气轮机相比具有最佳的特性。本小节讨论的典型船用燃气轮机采用简单循环和三轴结构布置,如果进一步衍化发展,可采用间冷、回热和变几何动力涡轮等关键技术。本小节首先讨论采用可调导叶对整个简单循环燃气轮机机组共同工作点位置和对共同工作线走向的影响。

图 4-59(a)给出了可调导叶对整个机组共同工作点位置的影响。当可调导叶关小时,不但减小了动力涡轮的流通面积,而且燃气发生器涡轮的排气背压相对增大,其膨胀比相对减小,从而使燃气发生器涡轮中单位焓降相对减少。如此这样,燃气发生器涡轮做功能力下降,而无法在原有转速上带动压气机,燃气发生器转速必然下降,燃气流量减少,压气机增压比降低,机组的有效输出功率相应减少,共同工作点移向喘振边界,由原来的 $A$ 点变为 $B$ 点。对于一定的压气机转速,燃气发生器涡轮前燃气温度提高,燃气发生器耗油率下降。若把可调导叶开大,则情况恰好相反,这时由于动力涡轮的通流面积增加,燃气发生器的排气背压相对减小,涡轮膨胀比相对增加,焓降也相应增加,使燃气发生器转子的转速升高,机组的有效输出功率相应增加,共同工作点位置由原来的 $A$ 点变为 $C$ 点,共同工作点远离喘振边界。对于一定的压气机转速,燃气发生器涡轮前燃气温度下降,燃气发生器耗油率升高。

图 4-59(b)给出了可调导叶对整个机组共同工作线走向的影响。虚线 $AE$ 是没有可调导叶的机组的共同工作线。如果压气机的喘振边界具有 2 的形状,在 $E$ 点就无法进行工作,因为 $E$ 点已进入喘振边界,必须在 $F$ 点就应使压气机放气,或采用压气机可调导叶以避免发动机喘振。图中粗黑线是具有动力涡轮可调导叶机组的共同工作线,$D$ 点对应于慢车(急速)工况,离喘振边界线有较

大裕量,在慢车工况下,由于开大了可调导叶,因此压气机不需放气。

由图4-59(b)所示的具有可调导叶的共同工作线可以看出,慢车工况的 $D$ 点与 $E$ 点相应于较高的转速和较低的涡轮前燃气温度,离喘振边界也比较远,这对机组的加速性也有好处,当机组在 $D$ 点运行时,只要迅速把可调导叶关小并增加燃油流量,就可以很快获得较大的输出功率。

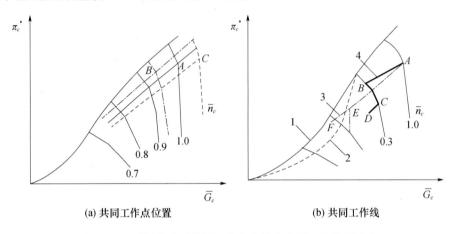

图4-59 可调导叶对共同工作点位置和共同工作线的影响

根据不同可调导叶转角的耗油率的包络线,图4-60确定了耗油率为最小极值的转角与功率的变化规律。在设计工况及超负荷运行时,可调导叶转角处于定几何零转角位置;由 $A$ 点可以看出,在80%工况下,选取可调导叶关小到 $-3°$;由 $B$ 点和 $C$ 点可以看出,在50%工况和30%工况下,选取可调导叶关小到 $-6°$;在50%工况和80%工况之间,可调导叶的转角取值应在 $-3°$ 和 $-6°$ 之间取值。如更精确地确定可调导叶的转角变化规律,需要采用更小的转角间隔进行数值验证。

由图4-60还可以看出,整个机组低工况时的耗油率下降得并不多,一个主要的原因是,尽管可调导叶关小,使变几何动力涡轮可以运行在较高的进口总温下,提高了整个机组的循环效率,然而涡轮效率的下降必然会部分抵消循环效率的提高。特别当可调导叶关得很小时($-9°$位置),整个机组循环效率的提高完全被涡轮效率的过多下降给抵消掉。一方面,当可调导叶开大时,在较大的负冲角下运行致使涡轮的效率也有所下降,另一方面,由于涡轮进口总温的小幅下降也导致整个机组的循环效率下降,因此开大可调导叶将同样牺牲可调导叶带来的循环收益。

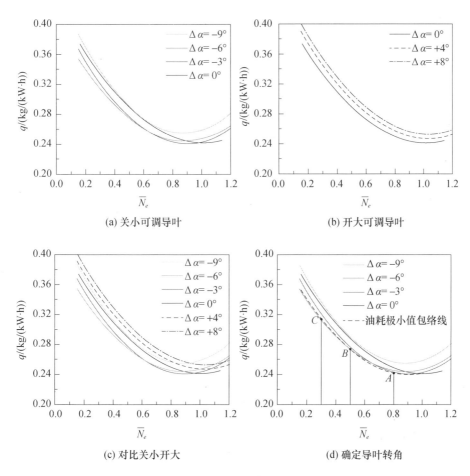

图 4-60 变几何动力涡轮机组耗油率与可调导叶转角变化的关系

根据上述可调导叶的转角变化规律,图 4-61 定性地给出了变几何动力涡轮的变工况性能,以及整个机组采用变几何动力涡轮的耗油率特性。采用变几何动力涡轮后,整个机组的耗油率曲线变得相对平坦,在低工况时,最大可以节省 3%~8% 的燃油。然而由动力涡轮效率特性曲线也可以看出,与定几何动力涡轮相比,在发动机处于低工况时,变几何动力涡轮的效率最大降低了大约 4%。而以往的试验研究也表明,在设计工况下,可调导叶两端的径向间隙和泄漏损失较大,从而导致此时变几何涡轮的效率要低于定几何涡轮的效率 2% 左右,且在非设计工况下,变几何动力涡轮的效率要下降得更为显著。综上可知,仅采用变几何动力涡轮技术并不能明显地提高简单循环机组低工况时的经济性,变几何涡轮技术只有与先进间冷、回热循环技术有机配合使用才能表现出更大的优越性。尽管如此,采用变几何涡轮技术提供了一种船用燃气轮机低工况扩稳,进而实现全工况燃气轮机可靠稳定运行的可行方法。

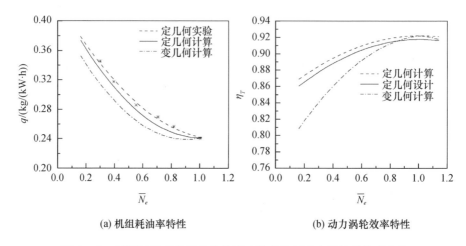

(a) 机组耗油率特性　　　　　(b) 动力涡轮效率特性

图 4-61　可调导叶对机组性能的影响及变几何动力涡轮的效率变化

### 4.5.2　复杂循环燃气轮机

在燃气轮机装置中,与简单循环相比,采用回热循环使机组多了一个称为回热器的热交换器。通过这个热交换器用涡轮排出的高温废气来加热压气机出口温度较低的空气,从而提高了压缩空气进入燃烧室时的温度。如果燃烧室出口温度一定,则燃油供应量就可下降。对于简单循环机组采用变几何动力涡轮技术后,由于低工况时涡轮效率的下降和漏气损失将抵消掉部分循环收益,因此采用回热循环技术比变几何动力涡轮技术可以更有效地提高机组的低工况效率。

图 4-62 给出了有无可调导叶对简单循环、回热循环机组耗油率特性的影响,采用变几何动力涡轮技术,由于在较高的涡轮进口总温下运行,涡轮的排气温度会有明显升高,因此变几何动力涡轮技术与回热循环有机结合后,在低工况下,将通过提高回热效率而进一步提高整个机组的热效率。此外,基于间冷回热循环和变几何涡轮技术,WR-21 船用燃气轮机耗油率曲线在大部分功率范围内都较为平坦,与采用简单循环的 LM2500 燃气轮机相比,WR-21 燃气轮机的总运行燃油消耗量可降低约 30%,相应于大气温度高达 38℃的美国海军

规定条件,在30%~100%工况下,其耗油率降到了0.2224~0.2336kg/(kW·h)(图4-63),明显低于Solar 5650燃气轮机。

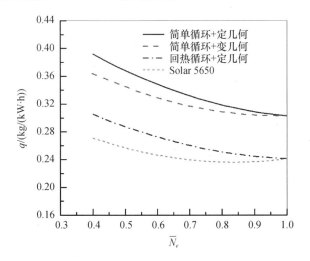

图4-62 有无可调导叶对简单循环、回热循环机组耗油率特性的影响

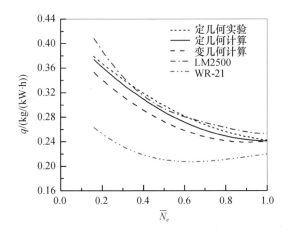

图4-63 WR-21、LM2500与典型船用燃气轮机的耗油率特性对比

在ISO条件下,30%~100%工况时,WR-21的耗油率相应为0.204~0.208kg/(kW·h),而最新推出的MT30燃气轮机,尽管其仅采用简单循环,它的耗油率也仅在0.212~0.290kg/(kW·h),特别在设计工况下,MT30燃气轮机的功率高达36MW,并且热效率超过40%。由图4-63进一步可以看出,与

WR-21船用燃气轮机相比,无论简单循环用燃气轮机是否采用变几何动力涡轮技术,其燃油消耗水平都大大高于WR-21燃气轮机。因此,简单循环船用燃气轮机的进一步发展,同样需考虑与间冷、回热循环技术的有机配合使用。

## 4.6 小结

本章主要从可调导叶端部结构及参数选取准则与规律、可调导叶端区损失控制新方法、基于台阶型球面端壁的大扩张角端壁可调导叶调节设计、大扩张角端壁可调导叶全三维调节设计概念的提出和验证,以及变几何涡轮可调导叶转角调节方法与规律等方面进行了概述。

可调导叶端部间隙位置转轴参数包括直径和安装位置对间隙内泄漏流动的发展演化有着十分重要的影响,转轴直径尽可能大以降低端部间隙的周向泄漏面积,而转轴安装位置应尽量布置在叶端叶型负荷最大的位置,以阻塞横向压差引起的间隙泄漏流。变几何涡轮采用柱面端壁形式,端部间隙随着导叶转动而发生变化,造成非均匀间隙形态,尤其对于大子午扩张变几何涡轮,间隙非均匀变化尤为明显,而球面端壁可使得导叶转动时端部间隙保持不变且最小,从而提高了涡轮性能。

在可调导叶中应用叶端凹槽/小翼技术可有效降低叶端间隙泄漏损失,且结合机匣处理技术可进一步改善端区流动,提高变几何涡轮性能。对于大扩张角端壁可调导叶来说,可调导叶转动时旋转轴端出现凹坑或凸起现象,严重恶化端区流场及涡轮性能,而基于对可调导叶端部凹坑和凸起引起损失大小不同的认识,提出了大扩张角端壁可调导叶轴端修型技术,并进行了设计验证。

基于对大子午扩张变几何涡轮端区流动及结构特征的认识,提出了台阶型球面端壁造型方法,以维持间隙均匀不变且为最小值,并通过适当的间隙流道改进以重组端部流动,所设计的四级变几何涡轮在零转角下具有与定几何涡轮相同的计算效率。并在此基础上,提出采用高负荷设计以减少导叶叶片数,同时增加间隙处旋转轴直径的方法以尽可能减小整周间隙泄漏面积,并通过导叶叶片负荷的三维重新分配,以减少端部负荷且使得最大负荷位置后移,从而抑制高负荷设计所增加的端部二次流损失,所设计的单级变几何涡轮在零转角下具有与定几何涡轮略高的计算效率。

本章还定性地研究了采用变几何动力涡轮技术对整个船用燃气轮机机组性能的影响规律,并确定了燃气轮机耗油率为最小极值的可调导叶转角的变化规律,研究指出:对于简单循环燃气轮机机组,采用变几何涡轮技术并不能显著降低其耗油率,而先进的间冷回热技术与变几何涡轮的有机配合使用,将能充分发挥各自的技术优势,在低工况下由于提高了回热效率从而显著降低了整个机组的耗油率。

# 第5章 变几何涡轮可调导叶系统结构设计技术

## 5.1 可调导叶系统总体结构方案设计

涡轮可调导叶结构设计应按高温部件设计特点进行设计,同时根据船用燃气轮机动力涡轮结构进行总体结构设计。根据总体要求和涡轮气动计算结果,选择涡轮可调导叶总体机构的结构型式,制定涡轮可调导叶的总体结构设计方案。典型船用燃气轮机动力涡轮的设计结构如图5-1所示,从装配结构和功能上看,其主要由动力涡轮转子、变几何涡轮级(即可调导叶级)、2~5级导向器、动力涡轮支撑环四个大部套组成。

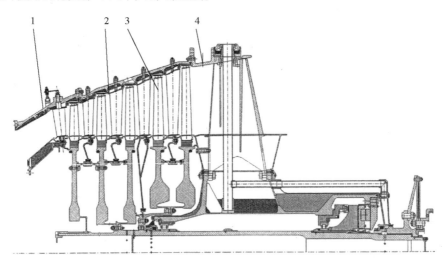

图5-1 变几何动力涡轮总体结构
1—变几何涡轮;2—2~5级导向器;3—动力涡轮转子;4—动力涡轮支撑环。

## 第5章 变几何涡轮可调导叶系统结构设计技术

动力涡轮前部通过变几何涡轮级机匣前法兰与上游低压涡轮支撑环相应法兰连接,后部通过动力涡轮转子输出端联轴器与减速箱连接。通过采用变几何涡轮技术,以提高燃气轮机的机动性能及部分负荷下的燃气轮机效率,同时为未来高性能复杂循环燃气轮机发展做充分准备。船用燃气轮机变几何涡轮级机匣前、后法兰与低压涡轮支撑环,2~5级导向器法兰之间,以及2~5级导向器与动力涡轮支撑环法兰之间采用止口装配定位。通流部分由1级可调导叶、4级导向叶片组和5级涡轮动叶片组成。各级动叶顶部与机匣之间、各级隔板与转子之间全部采用蜂窝密封结构,各级动叶和导叶法兰之间、各级动叶和隔板之间采用气封齿密封结构。

## 5.2 可调导叶详细结构设计

变几何涡轮级主要由可调导叶、转动操控系统、变几何涡轮级机匣、可调导叶支撑结构和密封结构等组成。因变几何涡轮导叶可转,必须在可调导叶端面与流通表面之间预留一定的安全间隙。所以变几何涡轮结构设计的重点是要使变几何得到的优点不被涡轮效率降低太多而抵消。在燃气轮机运行过程中,通过导叶转动操控系统控制可调导叶开关角度,实现各部件之间的最佳配合。变几何涡轮级结构设计方案如图5-2所示,其可调导叶结构设计要点如下。

(1)涡轮可调导叶的转动机构采用整体转向环联动控制所有叶片的转动。

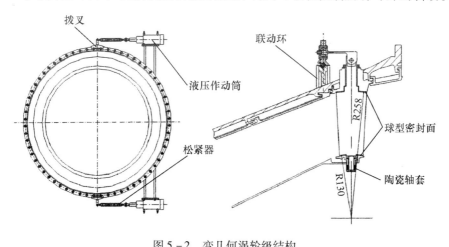

图5-2 变几何涡轮级结构

(2)密封结构采用球型密封以最大限度地降低漏气损失。

(3)转动轴承采用柔性石墨轴套防止温度变化引发轴承卡死。

### 5.2.1 导叶两端间隙设计

根据涡轮导叶结构对变几何涡轮气动性能的影响分析,端部结构是影响气动损失的一个重要因素。通常的涡轮可调导叶端部间隙损失的变化规律是随着转角的变化而逐渐增大的,即随着喉口的关小或者开大而增大。为尽可能减小因转角变化而引起的间隙泄漏损失增大,将导叶顶部和与其配合的机匣设计成同心球面结构,这样设计可以减少因转角变化而引起的间隙损失增加,可调导叶结构如图 5-3 所示。

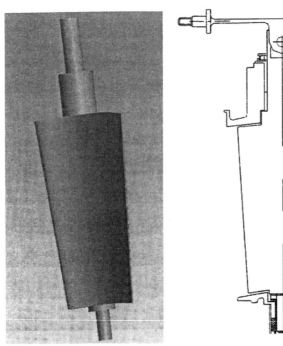

图 5-3 端面球型密封可调导叶

为了研究端壁和间隙对变几何涡轮效率的影响,采用了四种不同的方案进行对比研究,分别是球面端壁 0.5mm 间隙、球面端壁 0.8mm 间隙、柱面端壁 0.5mm 间隙和柱面端壁 0.8mm 间隙。通过对比分析可知,在设计工况时球面端壁结构下涡轮效率优于普通结构的变几何涡轮。需注意的是,采用了球面端壁结构的可调导叶,在间隙设计时只需要考虑热膨胀间隙,无需考虑因转角改变而引起的间隙变化,这样在结构设计时可以预留较小的顶部间隙。

### 5.2.2 导叶转动轴承及密封设计

可调导叶的转轴采用圆柱形设计,旋转轴装在用柔性石墨制成的两个轴套上(图5-4),这避免了在所有情况下因转轴和轴承套的温度变化出现轴承被卡死的恶劣现象。另外,采用柔性石墨套还可以使转轴与轴套的间隙减小,同时起到密封作用,从而减小漏气,提高变几何涡轮性能。

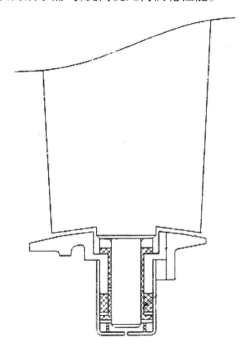

图5-4 可调导叶转动轴承设计方案

### 5.2.3 变几何涡轮机匣设计

变几何涡轮机匣(图5-5)主要用于支撑可调导向叶片,并承受可调导向叶片气动负荷和轴向力。机匣内部挂钩用来悬挂前、后部外罩壳及护环,在机匣与罩壳及护环之间填加硅酸铝纤维莉毡用来阻热。在可调导叶上方安装球面护板,将浮动环与可调导叶相配合处同样设计成球面,保证可调导叶与机匣之间的配合。另外,在转接筒与内罩壳之间填加硅酸铝纤维莉毡用来阻热。并在转接筒前端与低压涡轮支撑环之间相连,连接筒、内罩壳和浮动环之间通过插销连接。

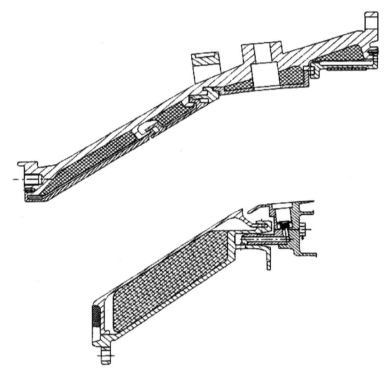

图 5-5　变几何涡轮机匣

## 5.2.4　可调导叶轴径与机匣孔的设计

可调导向叶片既要求能灵活转动,又要保证与机匣间的可靠密封,叶片上部轴颈与机匣之间采用聚四氟乙烯衬套。带内环的可调导向叶片的上、下轴颈的同轴度为 0.02,上轴颈与衬套的配合可选取 14H7/g6,衬套与机匣的孔为 17H7/h6,机匣安装叶片的凸台宽度和叶身与轴颈的转接凸台尺寸可以通过优化确定,具体结构如图 5-6 所示。

可调导叶下部转轴采用圆柱形设计,因下部转轴温度较高,旋转轴装在用柔性石墨制成的衬套上(图 5-7),这避免在所有情况下因转轴和轴承衬套的温度变化出现轴承被卡死的现象。同时,采用柔性石墨轴套保证了转轴和衬套之间的间隙很小,从而起到密封作用,减少了漏气。

第5章 变几何涡轮可调导叶系统结构设计技术

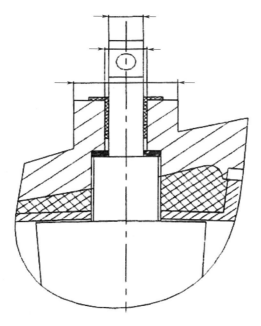

图5-6 可调导叶顶端轴径配合结构

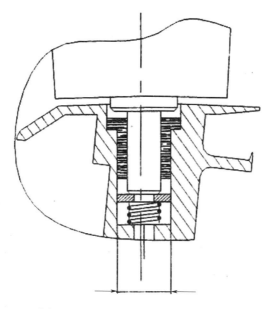

图5-7 可调导叶根部轴颈配合结构

### 5.2.5 可调导叶的材料特性

可调导叶的实际工作条件:高温燃气流中工作,温度可达1100K;温差大,叶片厚度不均导致出现热应力;燃气通过导向叶片时产生气动力,以及由气流脉动引起的振动负荷等。因此,为减小可调导叶的叶顶间隙,所选材料要具有较小的膨胀系数,同时为满足其他工作条件,所选材料还要具有耐高温、耐腐蚀、热应力小、刚性高等特性。在本设计中选择可调导叶材料为K452铸造高温合金。

K452铸造高温合金是一种具有优异抗腐蚀性能的铸造镍基高温合金,其膨胀系数在同类合金中较小,刚性高、韧性好,且不含贵重金属,价格便宜,铸造性能好。其性能特性见表5-1、表5-2和表5-3所示。

表5-1 K452合金膨胀系数表

| 温度/℃ | 室温 | 300 | 400 | 500 | 600 | 700 | 800 | 900 |
|---|---|---|---|---|---|---|---|---|
| 膨胀系数/($\times 10^{-6}$/℃) | 12.5 | 13.1 | 13.4 | 13.7 | 14.1 | 14.6 | 15.1 | 15.8 |

表5-2 K452合金导热系数表

| 温度/℃ | 室温 | 300 | 400 | 500 | 600 | 700 | 800 | 900 |
|---|---|---|---|---|---|---|---|---|
| 导热系数/(W/(m·K)) | 8.75 | 14.1 | 16 | 17.8 | 19.6 | 21.2 | 22.8 | 24.2 |

表5-3 K452合金的拉伸性能

| 温度/℃ | 室温 | 600 | 700 | 800 | 850 | 900 | 950 | 1000 |
|---|---|---|---|---|---|---|---|---|
| $\sigma$/(b/MPa) | 830 | 910 | 930 | 810 | 665 | 540 | 355 | 280 |

## 5.3 导叶转动操纵系统设计及动力学特性评估

### 5.3.1 摇臂及其组件的设计

摇臂组件是连接转动机构与可调导叶的重要装置,可调导叶的扭转力矩就是通过摇臂组件来施加的。摇臂组件与叶片轴颈及联动环的连接方式很多,本设计中采用了带关节轴承的摇臂组件,如图5-8所示,此种结构是依靠球面副

(向心关节轴承的倾斜角)来补偿位移角的变化量。向心关节轴承的选取参照 GB 304.4 和 GB 304.7,关节轴承与摇臂的固定采用螺母连接方法。

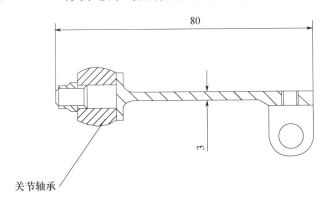

图5-8 带关节轴承的摇臂组件

## 5.3.2 连动杆及其组件的设计

连动杆的功能是联接连动环与作动筒之间的桥梁,是保证各调节叶片在初始和终止位置的调节装置,其连动杆组件的结构形式如图5-9所示。

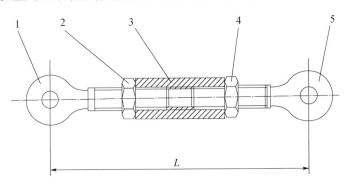

图5-9 连动杆组件
1—左旋螺纹整体杆端关节轴承;2—左旋螺母;3—连动杆;
4—右旋螺母;5—右旋螺纹整体杆端关节轴承。

在图5-9所示的结构中,组成连动杆两端的螺纹均采用了一左、一右的结构,以便调整连动环与作动筒连接点的设计位置,其长度和关节轴承孔的方位是根据与所连接作动筒或连动凸耳的方位确定的。而装关节轴承的杆端与连动杆的配合长度不小于1.5倍的螺纹公称直径。

变几何涡轮可调导叶整体杆端关节轴承的类型和尺寸按 GB 304.2 和 GB 9161 标准系列选取,同时参考结构的具体受力情况(径向、轴向负载)及结构可能出现的最大倾斜角度来选取。

### 5.3.3 导叶转动机构设计构成及计算

转动机构由液压作动筒、拨叉、联动环、松紧器和摇臂组成。通过液压作动筒运动带动松紧器,松紧器与拨叉相连,左右两个拨叉将联动环的上下半环把紧。连动环通过带调心球轴承的转臂,带动可调导叶打开或关闭,转动机构示意图如图 5-10 所示。通过计算获得作动筒活塞所受气动力矩的反作用力及位移,根据需要选取合适的液压作动筒。

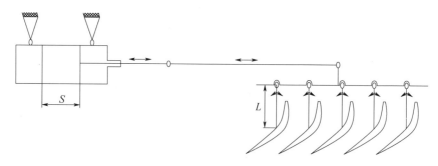

图 5-10 转动结构示意图

**1. 活塞所受气动力矩的反作用力及位移**

各级气动力矩作用于活塞杆的反作用力为

$$F = \sum_{i=1}^{n} (M_i L_{Bi}/L_D L_{Ai})(R_{Ai}/R_{Bi}) \qquad (5-1)$$

活塞杆的位移(行程范围内任意位置)为

$$S = 2[L_D L_{Ai}(\sin\alpha_i - \sin\alpha)/L_{B2}](R_{Ai}/R_{A(i+1)}) \qquad (5-2)$$

活塞杆的最大行程位移为

$$S_{MAX} = 2L_{Ai}(\sin\alpha_i - \sin\alpha)(R_{Ai}/R_{A(i+1)}) \qquad (5-3)$$

式中:$M_i$——各级可调叶片的气动力矩的 1/2(以两个作动筒计),此力矩按照发动机最大气动负荷时的叶片力矩,由气动计算给出(Nm);

$L_{Ai}$——各级摇臂的长度(mm);

$L_{Bi}$——各级曲柄从动杆长度(mm);

$L_D$——杠杆长度(mm);

$R_{Ai}$——各级操纵环与连动杆连接处至发动机轴线的高度(mm);

$R_{Bi}$——各级摇臂与操纵环连接处至发动机轴线高度(mm);

$\alpha$——摇臂的变化角度(°);

$\alpha_i$——各级摇臂处于最大工作位置与发动机轴线之间的夹角(初始位置)(°)。

**2. 导叶扭转力矩估算**

燃气通过涡轮级时,静压增加,同时也改变了其轴向速度。这个过程所产生的力,可以通过对一个控制体内的燃气运用动量守恒原理来估算。

$$F_A + P_2 A_2 + m V_{a2}^2 = P_1 A_1 + m V_{a1} \tag{5-4}$$

$$F_A = P_1 A_1 + m V_{a1} - m V_{a2}^2 - P_2 A_2 \tag{5-5}$$

式中:$F_A$——通过叶片级作用在控制体内空气上的轴向力(N);

$P_1$——导叶入口处的静压(Pa);

$P_2$——导叶出口处的静压(Pa);

$A_1$——叶片级控制体进口的投影面积($mm^2$);

$A_2$——叶片级控制体出口的投影面积($mm^2$);

$m$——各通过叶片级的质量流量(kg/s);

$V_{a1}$——叶片级控制体进口的轴向速度(mm/s);

$V_{a2}$——叶片级控制体出口的轴向速度(mm/s)。

### 5.3.4 可调导叶转动机构的动力学特性评估

高温高压环境下变几何涡轮可调导叶的精确控制是变几何涡轮技术成功的关键,因此在完成可调导叶系统的结构设计以后,需对其动力学特性进行评估,不过目前还缺乏有关变几何涡轮可调导叶动力学特性评估的可行方法。因此为了将涡轮变几何技术成功地应用于船用燃气轮机,急需发展可调导叶转动机构动力学特性的仿真评估方法,开展机构运动精度、阻滞力、结构强度等动力学影响因素评价方法研究,并建立典型运动机构动力学仿真方法的流程。

## 5.4 小结

本章主要从可调导叶系统总体结构方案设计、可调导叶详细结构设计和导叶转动操纵系统设计及动力学特性评估等方面进行了概述。

高温高压环境下可调导叶的精确控制、可维护性和可靠性是采用变几何涡轮的船用燃气轮机成功的关键,在导叶转动机构结构设计时,除了要满足可调导叶灵活可靠平稳转动且能精确定位至特定位置的要求外,还必须考虑导叶流场特性对导叶转动机构设计的影响,以使导叶转动机构可在恶劣环境下完全可靠地工作。

# 第6章 变几何涡轮气动特性及可靠性试验技术

## 6.1 可调导叶平面叶栅气动性能试验

为研究可调导叶叶端开凹槽结构对变几何涡轮端区性能的影响,基于可调平面叶栅气动性能试验测量导叶不同转角下中间叶高与端壁静压分布和涡轮出口总压损失系数分布,分析可调导叶端部间隙泄漏流动损失特性,并通过对比可调导叶叶端有无凹槽结构下的性能差异,分析导叶端部凹槽对泄漏流动的控制效果及作用机制。

### 6.1.1 试验装置及试验件

#### 1. 试验装置

本次试验主要是对低马赫数下的可调导叶平面叶栅进行气动性能研究,故采用哈尔滨工程大学的小流量高压比连续气源,其流量为4.2kg/s,压比为2,电机功率为560kW。所采用的低速平面叶栅风洞如图6-1所示。稳定气流由小流量高压比连续气源产生,经过通气管道到达低速风洞,当气流经过风洞时,在稳压段,气流会变成压力速度稳定的高品质气流。收缩段的收缩过程使气流截面符合涡轮叶栅的尺寸,再经过涡轮叶栅平直段导流,从而得到涡轮叶栅所需轴向进气的气流。

#### 2. 可调平面叶栅试验件

可调平面叶栅试验主要是由五片导向叶片(图6-2(a))和上下端壁组成,如图6-2所示,共设计加工了叶顶有无凹槽结构的两套叶栅试验件(图6-2(b))。试验叶片为直叶片结构,叶片栅距为60mm,叶高为88mm。在叶片最大厚度处设有旋转轴,旋转轴的直径为20mm,旋转轴的高度为29mm。叶片的间

图6-1 采用的低速平面叶栅气动试验台

隙为2mm。叶片下端部连接一个圆盘,圆盘的直径为82mm。叶顶带凹槽的涡轮叶片的槽深为2mm。由于要对涡轮叶栅进行变转角工况下的参数测量,这就需要对涡轮叶栅进行转角的改变,为此通过在涡轮叶栅上端壁处安装角度刻度和叶片转动装置来解决,如图6-2(c)所示。

(a) 可调叶片　　　　(b) 可调叶栅　　　　(c) 导叶转动机构

图6-2 可调平面叶栅试验件

## 6.1.2 试验测量方案

### 1. 测试方案

本次试验采用稳态压力测量系统进行压力测量,测量变几何涡轮平面叶栅在进口90°的条件下,间隙值为2mm时,转角分别为-6°、0°、+6°三个工况下叶顶开槽与叶顶无凹槽的中间叶高叶型静压分布、端壁静压分布和导叶出口总压损失与气流角分布,下面介绍主要的测量参数。

1)叶栅进出口参数测量

测量变几何涡轮平面叶栅进口的总压、总温,叶栅出口沿叶高的总压、静压和速度分布,本试验使用三维坐标架,因此在测点的选取上采用矩形分布,如图6-3所示。出口测点分布是轴向为24列、周向为25列的矩形测量区域,而为了获得较好的测量结果,在周向选择1.5倍的流道宽度,以完全覆盖测量流道。此外,在叶端间隙区域对测量点进行加密处理。通过在叶栅上游设置总压探针、热电偶和数个静压测量孔,用来测量栅前总压、总温和静压;而叶栅出口流动参数测量则借助于五孔气动探针和三维自动走位坐标架系统完成。

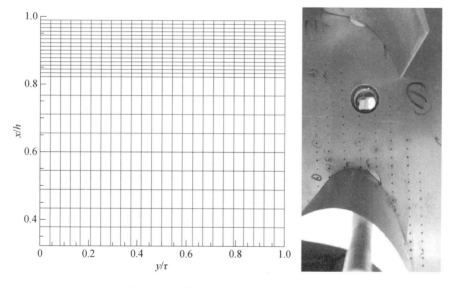

图6-3 叶栅出口测量及端壁测点分布

可调叶栅出口测量采用L型圆锥头形五孔探针,探针的直径为1.6mm。在试验时,通过将五孔探针安装在五自由度坐标架上,坐标架由电机带动。借助电机的帮助,可以实现轴向、展向以及节距方向上的移动及压力、气流角数据测量。

五孔探针对三维流场的测量主要有对向测量、半对向测量和非对向测量三种,本次试验采用非对向测量法。非对向测量是直接把五孔气动探针的探头直接放入测量流场中,确保探针气动中心方向与气流轴向方向一致。之后根据五个压力测孔的压力值和探针三维非对向校准曲线求出俯仰角 $\alpha$ 和偏转角 $\beta$,然后根据 $\alpha$ 和 $\beta$,通过探针特性曲线与计算公式来获得总压与静压,进而得出所测气流的速度大小与方向。这种测量方法的优点是测量操作简单,测量时间较短,缺点是探针校准及数据处理的工作量较前两种方法有大幅增加。一般来说,此方法在探针校准、$\alpha$ 与 $\beta$ 的变化范围在 $\pm 30°$ 时可取得较好的测量精度。

2) 叶片表面型面压力分布测量

测量中间截面的叶片型面压力分布,采用在测量截面打孔并由叶片内沿径向引压至压力传感器进行型面压力测量,而引压通道由叶片底端引出。

3) 叶顶间隙端壁压力分布

测量叶顶间隙端壁处的压力分布,端壁处有六列测量点(第一列有 16 个测量点,第二列有 15 个测量点,第三列有 7 个测量点,第四列有 7 个测量点,第五列有 17 个测量点,第六列有 16 个测量点),如图 6-3 所示。采用在测量端壁处截面打孔引压至压力传感器进行端壁处压力测量。

需注意的是,在进行叶栅试验时,各种因素都会导致试验结果出现误差,分析研究测量误差的目的在于找出误差产生的原因,并设法避免或减少产生误差的因素,提高测量精度;其次,通过对测量误差的分析和研究,求出测量误差的大小及其变化规律,修正测量结果并判断测量的可靠性。试验中的误差一般可归纳为仪器误差、使用误差、环境误差和方法误差等。本次叶栅试验的主要测量仪器的误差精度如下:叶栅试验过程中五孔探针的角度定位误差小于 $0.1°$,测量点的定位误差小于 $0.5\mathrm{mm}$,五孔探针测量速度及总压的不确定度小于 $1\%$。

**2. 试验方案**

1) 安装试验设备

(1) 在所用试验风洞基础上,安装稳压段、收缩段及变几何涡轮平面叶栅。

(2) 在涡轮叶栅旁边安装好自动走位坐标架系统,并调整好坐标架位置。

(3) 在稳压箱安装好热电偶、总压探针,将五孔探针安装到坐标架,并用密封垫塑胶软管将探针及静压孔与传感器连接。

2) 检查相关试验设备是否正常

(1) 检查试验气源是否正常工作,能否达到指定风速和流量。

(2) 检查通气管道是否密封,防止漏气,甚至在高风速下造成更大危害。

(3) 检查稳压段、收缩段、扇形直段是否完全固定,是否漏气。

(4) 检查变几何涡轮平面叶栅是否固定。

(5)检查各测点是否密封或与传感器相连,检查热电偶、总压探针、五孔探针是否与传感器相连。

(6)检查压力传感器示数是否正确。

(7)检查使用的程序是否编写正确。

(8)检查五孔探针摆放是否正确,探针是否正对来流方向。

3)打开测量系统、传感器数据柜与启动风机

对各传感器数值进行检查,确保在正常范围内,紧接着启动风机,其具体操作参照试验台相关操作规程中的开车过程。

(1)打开循环水供水泵,确认检查供水压力正常。

(2)打开气源滑油循环系统,确认滑油系统正常,无泄漏。

(3)调试风机控制系统,确认一切正常。

在风机启动后,确认流场的工况,检查一下传感器是否正常工作。之后控制风机改变气流流速,监测叶栅进口总压。

4)测量各参数

(1)控制坐标架使五孔探针到初始测点。

(2)运行五孔探针校准程序,校准五孔探针方向。

(3)运行测点程序,获得叶栅出口各测点总压、静压、速度大小及方向参数,以及进口总压、总温。

(4)测点程序完成后,保存测得数据,关闭测量程序。

(5)将五孔探针移回初始测点。

(6)运行静压测量程序,测量叶片中径处型面压力并保存。

(7)关闭测量程序。

最初先安装叶顶不带凹槽的涡轮可调叶栅,之后改变气流流速,分别重复上述过程。随后更换带有凹槽的变几何涡轮可调叶栅,测量带凹槽的变几何涡轮叶栅各测点总压、静压、速度大小及方向参数,以及进口总压、总温等。

## 6.1.3 典型试验结果

本次试验的主要测量结果包括不同转角下可调叶栅型面压力分布、不同转角下有无叶顶凹槽结构下机匣端壁静压分布、出口总压损失分布和出口气流角沿叶高分布。部分代表性结果如图6-4~图6-7,限于篇幅,对结果的具体讨论不再赘述,如有读者感兴趣,可参阅第2章~第4章相关部分。

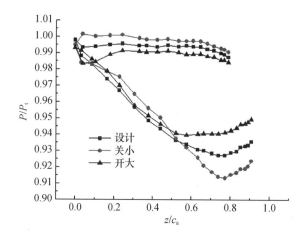

图6-4 不同转角下可调叶栅型面压力分布

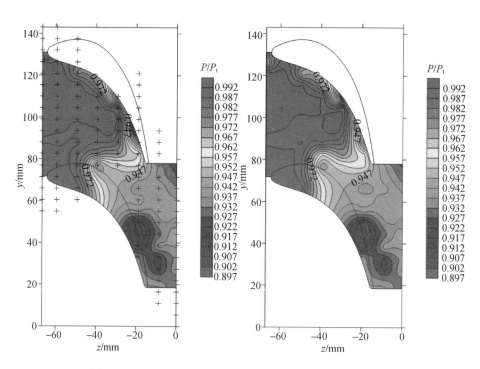

图6-5 -6°转角下可调叶栅机匣端壁静压分布(见彩图)

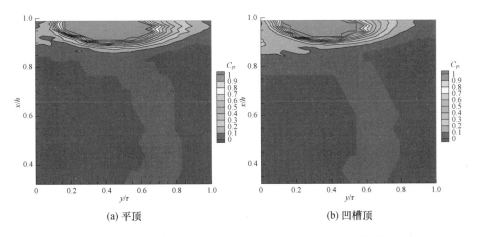

图6-6  -6°转角下可调叶栅出口总压损失分布（见彩图）

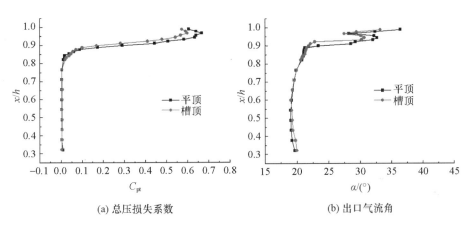

图6-7  -6°转角下可调叶栅出口总压损失系数与气流角沿叶高分布

## 6.2 可调导叶扇形叶栅气动性能及过渡态特性试验

为了研究可调导叶真实端区流动性能以及导叶转动带来的过渡态性能特性，需要开展可调导叶扇形叶栅气动性能及过渡态特性试验。根据试验要求，对涡轮可调导叶扇形叶栅试验件进行了设计与制造，并在风洞试验台上完成三个出口马赫数条件下对涡轮可调导叶改变五个转角情况下的扇形叶栅气动性能与过渡态特性试验。按照相似理论，当试验叶栅流动处于自模化区时，模型叶栅除保证与实际叶栅几何相似之外，对于导向叶栅需要满足进口马赫数相等。

## 6.2.1 试验测量系统

### 1. 试验台

试验是在中国船舶集团有限公司第七〇三研究所(以下简称研究所)的亚声速扇形叶栅试验台上完成的,该试验台具有大流量、高压头、可冷却的风源条件,风量稳定,压力波动小,可以满足涡轮叶栅气动性能试验所需各工况对试验条件的要求。图6-8和图6-9分别给出了扇形叶栅试验系统及其现场图。

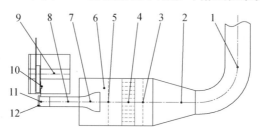

图6-8 扇形叶栅试验系统简图

1—进气管;2—扩张段;3—过滤网;4—整流栅;5—整流网;6—稳压筒;7—收缩段;
8—过渡段;9—探针坐标架;10—探针移动机构;11—试验叶栅;12—测量探针。

图6-9 扇形叶栅风洞现场图

### 2. 测量方法

可调扇形叶栅栅后流场气动参数的测量采用五孔球头探针来完成,五孔探针是一种测量气流时均特性参数(指流速大小和方向、总压和静压)的最基本和最常用的仪器。由于该测量方法具有测量原理简单、使用方便、探针不易损坏和维护方便等优点,目前仍然是测量三维时均流场的主要手段之一。本试验中叶栅出口气流参数的测量采用五孔探针来完成。在叶栅出口气流参数测量时,五孔探针需要在叶片的径向和周向移动,在测量过程中,不但要使探针能精确定位,而且要将探针夹紧,使其不在气流中抖动,以保证测量数据的准确性。所采用的探针运动控制坐标架可实现周向运动范围大于±30°,径向运动范围可以达到300mm,探针角度方向控制范围为360°,可以满足试验中对叶栅出口截面的测量运动要求。栅前总压的测试由图6-9中所示的总压测试装置来完成,总压探针固定在稳压筒内和过渡段内,总压孔正对主通道来流,总压探针可以测量扇形叶栅栅前总压。可调导叶端壁过渡态压力数据采用 DASYLab 软件进行采集,并进行时域分析。

### 3. 测量用传感器

在本试验中,所有压力探针和叶片表面静压孔的气流压力都是采用图6-9中所示的四路运动控制及320路切换式压力采集柜进行采集,该柜可以同时控制4轴运动,通过电磁阀的通断,切换控制16路数字压力传感器阵的每一个传感器可以依次采集20个现场的气体压力信号,通过这种切换,使压力采集的现场信号数量可以达到16路×20倍=320路。测量系统的核心压力传感器为表压型的数字压力传感器阵、动态压力传感器和绝压型的大气压传感器。数字压力传感器阵为美国 ScaniValve 公司生产的3217型高精度智能型16路数字压力传感器阵。其主要性能指标为量程30PSI,精度0.05%。大气压传感器为美国西特公司的 Setra278,量程范围为0.8~1.1Bar,精度为0.3%。动态压力传感器为美国 Kulite 公司生产的 XTL-140M-2BARA,加配 KEA-B-1B 高频信号放大器(带宽为0~40kHz),量程为0~2Bar,工作模式为绝对压力。

### 4. 测控系统

本次可调导叶扇形叶栅气动性能及过渡态特性试验的控制室监控、测试操作台如图6-10所示,且扇形叶栅试验主程序如图6-11所示。

## 6.2.2 可调扇形叶栅设计

试验叶栅的叶片型线数据由研究所提供,经处理后生成用于数值计算及叶片加工的原型数据,如图6-12所示。

在试验模型设计中,根据研究所提供的子午型线进行加工,如图6-13所示。试验叶栅为扇形叶栅,同时测量的马赫数范围较大,马赫数较高,因此试验

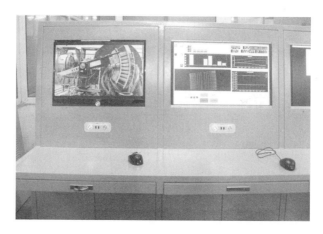

图6-10 试验控制室监控、测试操作台

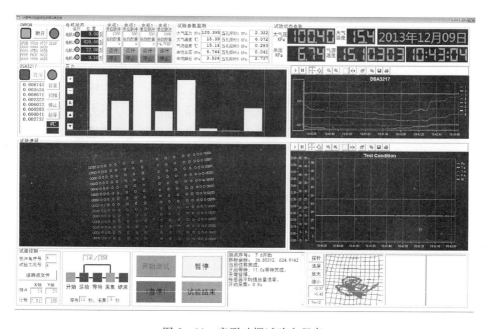

图6-11 扇形叶栅试验主程序

叶片采用全金属材料,强度高,不易变形,保证了在各个工况下试验叶栅都具有良好的尺寸精度。首先在 UG 软件里对试验叶片模型进行三维造型,再采用高精度数控机床一次加工完成,加工后的叶片型线具有较高的尺寸精度,加工误差不大于 0.05mm。

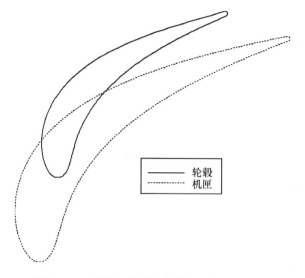

图 6-12　可调扇形叶栅叶片根/顶基准面型线

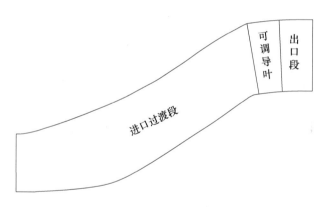

图 6-13　试验扇形叶栅及栅前子午型线

经三维数控加工后的叶片表面仅需进行简单的抛光处理即可进行试验叶栅的装配。试验叶栅上下环面根据设计尺寸及图纸采用机械加工的方法完成，试验过渡段的加工采用铝合金铸造，如图 6-14 所示。试验叶栅叶片变转角调节、转角动态调节机构分别如图 6-15 和图 6-16 所示。

图 6-14　试验扇形叶栅加工图

图 6-15　试验叶栅叶片变转角调节机构

图 6-16　试验叶栅转角动态调节机构

## 6.2.3 试验方法及过程

**1. 试验方法**

根据试验要求,对于每个试验叶栅的几何变化,都要进行 0.3、0.5 和 0.6 三个出口马赫数工况下的栅后流场参数测量。需注意的是,对应 0.3、0.5 和 0.6 这三个出口马赫数工况下的进气压力数值需进行计算确定。

测量截面的位置选取会对流场测量结果产生影响,过于接近叶栅,尾迹的发展不充分,尾迹区过窄,会使周向测量点的密度增加。但是,由于气体在流出试验叶栅上下端壁的末端时,会向大气散射。为减小这一散射流动对测量位置处流场的影响,测量位置也不能过于靠近试验叶栅上下端壁的末端。本次试验的叶栅出口流场测量截面,选取为叶栅下游距离叶栅出口边约 50mm 位置处(相当于根部 1 个轴向弦长),距离试验叶栅上下端壁的末端约 30mm。

叶栅出口流场的测点数量和分布对测量的准确性和流场结构的捕捉能力有很大影响。一般来说,越密集的测点分布越能详细测量流场的参数分布,并且能够更好地测量到流场中的流动结构,但是测点数量的增加会直接导致试验时间的增加,使试验成本上升。在本次试验中,根据对该叶栅流场的结构预分析和试验测试时间的要求,采用了周向均布、径向近上下端加密的测点布置方案。

周向行程是一个试验叶栅的节距,根据试验叶栅的叶片数为 64 片,一个叶栅节距的对应圆心角为 $5.625°$($360°/64$ 片),在周向均匀布置 10 个测点,每个测点的角度行程为 $0.5625°$,能够测量到叶栅尾迹。

试验叶栅出口处的径向尺寸为 144mm,由于探针的探头尺寸和探针结构的限制,实际探针能够测量的径向有效行程为 138mm。在近上下端壁处布置 4 个小间距测点,测点距离为 2mm,能够很好地测量近端壁处的参数变化,然后是 3 个 4mm 间距的测点、2 个 6mm 间距的测点和 3 个 10mm 间距的测点,中径处两个测点距离为 18mm,共 24 个测点,总行程是 138mm。

**2. 试验过程**

由于采用五孔探针进行流场介入式测量,五孔探针的位置变化会对流场有一定的影响,所以在探针运动停止后需要延时等待,然后开始测量一定时间内的参数,并对测量阶段的测量参数进行数学平均,以减小流场波动和测量偶然误差带来的影响。试验前,根据探针的运动对流场影响的动态测试分析,选定延时等待时间为 11s,连续测量时间为 5s。初始试验操作显示,在试验中需选取恰当的延时等待时间。

在进行试验时,需按照顺序进行以下试验流程。

(1) 确定叶栅的安装角。

(2) 通过调整进气压力,达到试验要求的出口马赫数工况。

(3) 进行该安装角下的该工况叶栅出口流场参数及端壁特点过渡态压力的测量。

(4) 出口截面测量结束后,重复步骤 2,进入下一个出口马赫数工况,继续测试。

(5) 测试三个出口马赫数工况全部完成,该安装角的叶栅试验测量完成,重复步骤 1,改变叶栅的安装角到下一个测量角度,继续逐步测量。

(6) 所有的安装角全部试验完成,整体试验结束。

作为对照试验,对设计安装角进行了无间隙试验测试,就是把在设计安装角情况下的叶栅上下间隙利用石膏填满,形成无间隙叶栅试验状态,同样进行三个出口马赫数工况的出口截面流场测量。

### 6.2.4 典型试验结果

对试验件进口过渡段前的进口整流段流场测试了沿径向的参数分布,测量结果表明,进口附面层厚度限于10%近壁面处,如图 6-17 所示。

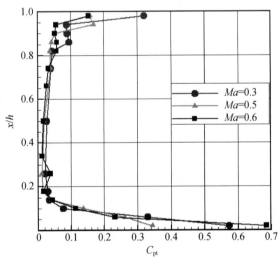

图 6-17 可调扇形叶栅进口段气流参数沿径向分布

图 6-18~图 6-20 给出了部分典型试验结果,从试验结果中可以看出叶栅出口流场的典型结构:尾迹区和上下通道涡,同时由于上下间隙的存在,根部和顶部的扇形间隙泄漏涡结构也能够清晰可见。限于篇幅,对结果的讨论不再赘述。

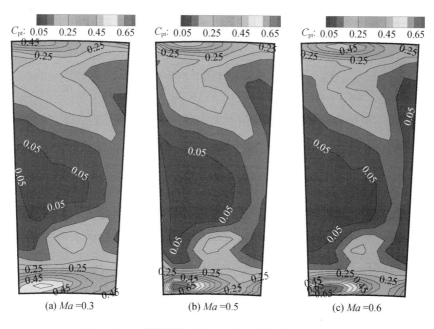

图 6-18 可调扇形叶栅出口总压损失分布(见彩图)

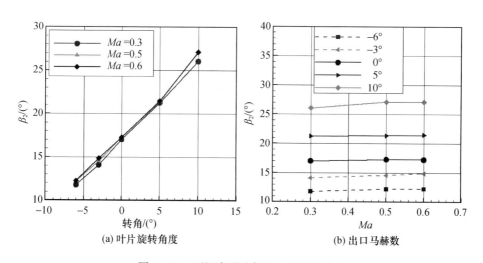

图 6-19 可调扇形叶栅出口气流角分布

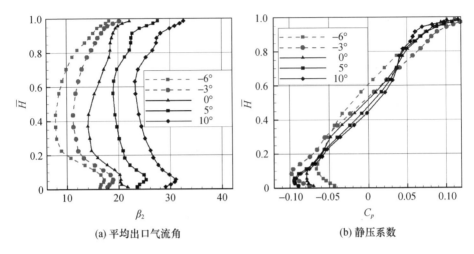

(a) 平均出口气流角　　　　(b) 静压系数

图 6-20　马赫数 0.3 下可调扇形叶栅出口气流角与静压系数沿叶高分布

## 6.3　可调导叶涡轮级气动性能试验

涡轮在高温、高压、高转速下运行时,燃气在涡轮中的流动为复杂的非定常、有黏三维复杂流动。通常情况下,所设计的涡轮都必须在涡轮试验器上进行气动性能试验。试验涡轮可以是单级涡轮、多级涡轮、全尺寸涡轮和模型涡轮。由于压缩机气源和水力测功器吸收功率的限制,目前很难进行涡轮全温全压试验,而只能进行气动模拟试验,其理论基础即是相似理论。本节通过可调导叶涡轮级气动性能试验,获得变几何模型涡轮级的气动性能曲线,完成涡轮气动性能试验验证,并分析可调导叶在不同转角条件下的涡轮气动特性。

### 6.3.1　涡轮级试验装置及试验件

**1. 试验装置**

涡轮性能试验台是一个加热压缩空气驱动涡轮试验件的模型涡轮试验台。由气源提供压缩空气,经加热系统加热后,驱动模型试验涡轮,进行涡轮气动性能试验。超跨声对转涡轮试验台组成系统包括:①试验台本体;②压缩气源系统(包括供气管道和控制阀);③燃油与加温系统;④滑油系统;⑤循环冷却水系统;⑥电气控制系统;⑦常规测试仪表;⑧数据采集与分析系统。试验台本体包括试验件、联轴器、减速器、电涡流测功器、进排气蜗壳以及相应的支座、小平台、大平台等。变几何涡轮性能试验台照片如图6-21所示。

图6-21 涡轮试验台实物图

**2. 试验件**

1）结构设计

整个模型涡轮试验件由进气机匣、测试机匣、中间机匣、涡轮转子组件、排气机匣、轴承座等组成，如图6-22所示。工作叶片采用整体叶片盘结构，叶轮盘与涡轮轴采用圆柱面小过盈配合定心，螺母压紧，直齿渐开线花键传扭。试验件转子旋转方向为顺气流方向看逆时针；转子采用0-1-1的悬臂支承方式，前部安排一个圆柱滚子轴承，后部安排两个球轴承，为刚性支承结构。由于转子承受的气动轴向力在轴承承载范围内，故省去了设置平衡轴向力系统。前、后轴承共用一个腔室，并安装在一个轴承座上，有利于保证前、后轴承座的同轴度，减少试验件的振动；采用往轴承上喷射润滑油的冷却方式，在轴承座上安排进、回油系统和通气封严结构，并设置挡油和封严结构，防止滑油泄漏。试验件转子与试验设备之间通过浮动轴传递扭矩。

根据试验件各个部件的功能及装配要求，将其分成进气段组件、排气段组件和涡轮转子组件。

（1）进气段组件由进气外机匣、进气内机匣、过渡段组件、一级导向器及中间机匣前段组成。其中过渡段组件是通过将支板和整流罩焊接在过渡段外机匣、过渡段内机匣而成，安装面在组件中加工以保证装配要求；进气外机匣、进

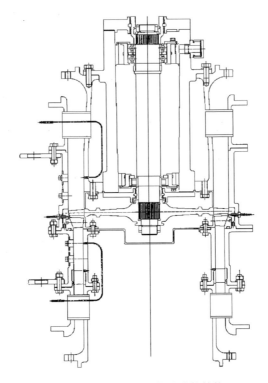

图 6-22 变几何涡轮试验件结构

气内机匣、一级导向器及中间机匣前段通过直口面定心、端面轴向定位及螺栓拉紧安装在过渡段组件上。

(2) 排气段组件由中间机匣后段、排气外机匣、排气内机匣、轴承座和二级导向器组成。其中排气外机匣和内机匣通过支板焊接成一个组件。中间机匣后段和排气外机匣通过直口定心、端面轴向定位及螺栓拉紧；而二级导向器和轴承座由直口面定心、端面轴向定位及螺栓拉紧固定在排气内机匣上。

(3) 涡轮转子组件由涡轮轴、工作叶片盘、前篦齿环、转接套齿等组成。其中工作叶片盘通过直齿渐开线花键实现与涡轮轴的连接；前篦齿环封严篦齿结构改为台阶形式，加长了篦齿轴向长度，增强封严效果；在转接套齿上增加了封严篦齿结构，使其在传扭的同时也对油腔进行封严，减少零件数量。

根据零件的工作条件和适用的工艺成型方法等因素进行合理选材，并采用价格便宜、工艺成熟的材料，变几何涡轮试验件主要零件的选材及工艺分析见表 6-1。

表 6-1 新加工零件选材及工艺分析

| 零件名称 | 材料 | 加工工艺 | 工艺可行性 |
| --- | --- | --- | --- |
| 导向叶轮 | 2A70 | 锻造,数控铣加工叶轮 | 工艺成熟稳定 |
| 叶轮盘 | 1Cr11Ni2W2MoV | 锻造,数控铣加工叶轮 | 工艺成熟稳定 |
| 机匣类 | 20A | 锻造,常规机加 | 工艺成熟稳定 |
| 涡轮轴 | 40CrNiMoA | 锻造,常规机加 | 工艺成熟稳定 |

2)轴向力强度与振动计算

可调导叶级变几何涡轮转子轴向力由两部分组成:转子叶片轴向力和盘腔轴向力,需分别计算确认。对工作叶片盘进行强度计算时仅考虑了温度载荷及离心载荷,由于气动载荷较小,故本次计算未考虑。由于工作叶片盘在结构上具有循环对称的特点,进行有限元计算时截取包含一个完成叶片的循环对称段,并在上施加循环对称约束。在最大转速状态下对工作叶片盘进行强度计算,包括设计状态和超转状态,需分别计算确认。总体上,根据上述计算结果来确定该叶片盘的强度是否足够。

模型涡轮试验件转子主要由涡轮轴、叶轮盘以及封严篦齿环等组成,整个转子采用 0-1-1 的悬臂支承方式,前支点采用滚棒轴承,后支点采用两个角接触球轴承。根据涡轮盘频率裕度的评定标准(表 6-2)的要求,对转子进行振动特性分析。通过计算获得工作叶片盘固有频率和工作叶片盘频率裕度。转子的临界转速及裕度也需进行计算确认,包括转子前支承刚度、后支承刚度等取值应使得转子临界转速裕度满足设计准则的要求。

表 6-2 涡轮盘评定标准

| 频率阶次 | 裕度要求 |
| --- | --- |
| 1 | ≥15% |
| 2~4 | ≥18% |

### 6.3.2 涡轮级性能试验测试

**1. 变几何涡轮试验测试安排**

1)测点安排

模型涡轮测试截面示意图如图 6-23 所示,表 6-3 给出了试验设计状态下各截面的主要气动参数(三维黏性计算获得)供测试参考。

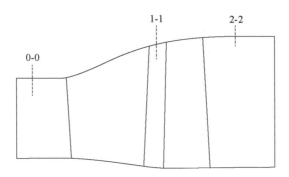

图 6-23　模型涡轮测试截面示意图

表 6-3　涡轮设计点各截面参数

| 截面 | 导叶前 | 导叶后 | 动叶后 |
|---|---|---|---|
| 截面代号 | 0-0 | 1-1 | 2-2 |
| 总压/MPa | 0.2 | 0.194 | 0.103 |
| 总温/K | 300 | 300 | 252.9 |
| 中径处绝对气流马赫数 $Ma$ | 0.310 | 0.8 | 0.3 |
| 绝对气流角 $\alpha/(°)$ | 25 | -71 | -3 |

注:所有的气流角方向为气流与轴线的夹角,出口支板前气流参数为不考虑整流叶栅时的参数

2) 各截面尺寸和探针安排与要求

(1) 0-0 截面。

进口通道测点沿径向按等环面布置。总压管 3 支,每支 3 点。总温管 2 支,每支 2 点。外壁静压 3 点,内壁静压 3 点,静压测点轴向位置与总压测点轴向位置相同。进口为轴向进气,气流方向上不受状态变化影响,进口马赫数由模型涡轮进口流道面积和流量决定。

(2) 1-1 截面。

涡轮导叶出口截面安排 3 点外壁静压,3 点周向分布。

(3) 2-2 截面。

涡轮出口通道测点沿径向按等环面布置。总压管 3 支,每支 3 点。总温管 1 支,每支 3 点,铂电阻 1 支。总压方向管 1 支,3 点。外壁静压 3 点,内壁静压 4 点,其轴向位置与出口总温、总压测点轴向位置相同。

## 2. 试验测量参数及数据采集

1)测试系统概述

该测试系统是基于外协单位的超跨声速对转涡轮试验台而设计的。该试验台是一个可以测量涡轮性能的综合试验台,既可以做单转子涡轮也可以做双转子涡轮试验,既可同向旋转也可反转,既可做单级涡轮气动试验也可做多级涡轮试验,另外还可以做环形叶栅及流函数试验。

针对该试验台,硬件方面测试系统采用了有效的测试手段,在尽量不影响试验状态的前提下实现了试验参数的准确测量。通过测量试验件(如温度、压力等)相关参数,实时获得功率、流量等性能参数。其中功率测量通过测量试验件的转速和扭矩计算得到,扭矩测量应用直接测量和非接触测量,可以准确测量试验件的扭矩。软件方面,通过应用图形化的编程语言 LabVIEW 进行程序编写,采用 DMA 并行处理技术,测试系统实现了测试的高速、高精度和高稳定性,而且为将来的动态测量和测试的升级均提供了非常广阔的平台。

该测试系统的运行过程:传感器将试验信号转换为电信号或频率信号,经过信号调理后传递给信号采集模块,然后进行信号的实时显示、计算和存储等。测试系统的采集流程如图 6-24 所示。

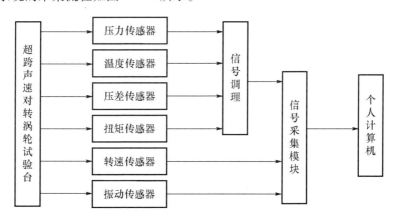

图 6-24 测量系统采集流程图

2)测试系统硬件部分

(1)参数测量。

该试验台主要进行涡轮的性能测试,通过温度、压力、压差、转速和扭矩等试验参数的测量,得到试验件的流量、效率、膨胀比等性能参数。另外,该测试系统布置了2个振动的监测点,实时监控试验的振动情况,保证测试安全。具体的参数测量特征如表6-4所示。

表6-4 参数测量特征表

| 测量参数 | 测量仪表 | 测量范围 | 型号 | 精度 |
| --- | --- | --- | --- | --- |
| 温度 | 热电偶 | 设定 | E型 | ±0.5℃ |
| | 热电阻 | -50~50℃ | Pt100 | ±0.5℃ |
| | 热电阻 | -100~50℃ | Pt100 | ±0.5℃ |
| 压力 | 压力传感器 | 0~6bar | 8472.77.5717 | 0.3% |
| 压差 | 数字式压差传感器 | 0~180kPa(可调) | CL-yB-2A | 0.1%F·S |
| 转速 | 霍尔齿轮传感器 | 0~25000r/min* | YM12-01BRT | ±1r/min |
| | 非接触转速测量 | 0~25000r/min | ORT-803 | ±1r/min |
| 扭矩 | 电涡流测功器 | 0~450kW | PB-WC-450 | ±0.1% |
| | 非接触扭矩测量 | -1000~1000H·m | ORT-803 | ±0.3% |
| 振动 | 振动传感器 | 0~20g | LC0105 | <1% |

\* 对应减速后的转速范围,设置减速箱减速比为6.931

以本试验件为例,相对应的传感器情况如表6-5所示。

表6-5 试验件内传感器分布表

| 截面 | 0-0 | 1-1 | 2-2 | 总计 |
| --- | --- | --- | --- | --- |
| 总压 | 3支(2点/支) | | 3支(3点/支) | 15点 |
| 总温 | 3支(2点/支) | | 1支(3点/支)+1支铂电阻 | 10点 |
| 静压 | 6点 | 3点 | 7点 | 16点 |
| 总压方向 | | | 1支(3点/支) | 3点 |

(2)采集硬件。

该测试系统的数据采集应用研华科技(中国)有限公司(Advantech)的两个 PCI-1747U 采集模块和一个 USB-4750 采集模块完成。PCI-1747U 的主要参数为:L6位高分辨率;250KS/s采样速率;自动校准功能;64路单端或32路差分模拟量输入或组合输入方式;单极/双极输入范围;用于 AI 的 1K 采样 FIFO 通用 PCI 总线;总线主控 DMA 数据传输;Board ID 开关。USB-4750 是一个带有 USB 总线的隔离保护数字 I/O 模块。32通道隔离保护的数字 I/O USB 模块,其主要特点为:兼容 USB1.1/2.0;总线供电;16 路隔离保护的 DI 和 16 路隔离保护的 DO 通道;所有通道具有高压隔离保护(2500Vdc);支持 5 - 40Vdc 隔离保护的输入通道;中断处理;定时器/计数器;适合 DIN 导轨安装;锁紧式 USB 电缆用于紧固连接。数据采集和实时处理的平台是一台个人计算机,具体配置为英特尔赛扬 E1400 处理器、主频 2GHz、1GB 内存、160GB 硬盘。

(3)测试系统软件部分。

测试软件系统应用图形化语言 LabVIEW 编写,利用 LabVIEW 图形化和模块化的优势,同时结合 DMA 高速处理技术和 TDMS 二进制高速存储技术,实现了数据的实时显示、计算和存储。试验件的物理参数接入计算机后,试验件的性能参数就进行实时的显示、计算和存储。

(4)试验监控运行参数。

试验监控运行参数如表 6 - 6 所示。

表 6 - 6 试验监控运行参数

| 监控参数 | 运行要求 | 规定范围 |
| --- | --- | --- |
| 涡轮轴承回油温度 | <70℃ | 规定:<110℃ |
| 供油温度 | <50℃ | 规定:35~50℃ |
| 传动轴连轴器回油温度 | <70℃ | 规定:<100℃ |
| 变速箱回油温度 | <70℃ | 规定:<100℃ |
| 试验涡轮振动 | 加速度<2g | 规定:<5g |
| 变速箱振动 | 加速度<2g | 规定:<5g |
| 电涡流测功器冷却水压力 | 0~0.05MPa(表压) | |
| 冷却水回水温度 | <60℃ | |
| 涡轮试验超转保护转速 | <8000r/min | |
| 停电应急滑油供应系统 | 正常 | |
| 停电应急供气关闭系统 | 正常 | |

### 3. 试验过程及试验程序

检查试验件及试验设备运行状态。包括供水系统、供油系统、试验件机械运转、操控系统、测试系统、应急供油系统、应急供水系统、应急总开关等是否正常工作。保持涡轮膨胀比不变,调节测功器负载,使涡轮相对折合转速设计分别为 0.5、0.6、0.7、0.8、0.9、1.0 和 1.05 状态,并且使相对折合转速误差保持在

±0.01范围内,在涡轮工作状态稳定后,采样测量各参数,每个状态点采样时间约30s。按这种方式获得其他不同膨胀比下,不同的折合转速下的状态点,并进行测量和记录。

停车后,更换进口导叶,安装完成后重复之前的工作,包括检查设备及测量。试验操控台和测试监控台分屏显示,操控和测试人员严格按照试验要求,监视测试数据,保证试验安全。要求:轴承温度小于110℃;涡轮回油温度小于100℃;测功器回水温度低于60℃;振动$G$小于$5g$;转速低于8000r/min。

试验完毕,按试验规程正常停车,详见涡轮试验台操作手册和规范。

### 4. 数据处理方法

涡轮的功率经非接触测扭传感器传递至变速箱,其中齿轮箱传动比为6.931,再由测功器消耗,忽略涡轮的轴承机械损失,该过程包括了变速箱机械损失、电涡流测功器轴承和联轴器等多种损失,因此针对该试验件进行了机械损失测试,定义如下:

非接触测扭传感器和测功器的转速分别为$n_{非}$和$n_{测}$,扭矩分别为$M_{T非}$和$M_{T测}$,功率分别为$N_{非}$和$N_{测}$,则

$$N_{非} = M_{T非}n_{非}\pi/30000 \quad (6-1)$$

$$N_{测} = M_{T测}n_{测}\pi/30000 \quad (6-2)$$

机械效率定义为

$$\eta_{机械效率} = N_{测}/N_{非} \quad (6-3)$$

根据以往经验,机械效率取为0.97。

各截面参数处理采用算术平均法。以涡轮进口截面总压为例:进口共3支探针,每只探针沿径向测2个位置压力,共6个测点,则进口截面总压为

$$P_0^* = \frac{\sum_{i=1}^{\sigma} P_{0i}^*}{\sigma} \quad (6-4)$$

### 5. 试验误差分析

1) 流量公式(孔板流量计)

$$G = a\varepsilon\frac{\pi}{4}d^2\sqrt{2\rho_1\Delta P} \quad (6-5)$$

$$\rho_1 = P_1/(29.27gT_1) \quad (6-6)$$

$$G = a\varepsilon\frac{\pi}{4}d^2\sqrt{2\Delta PP_1/(29.27gT_1)} = K\sqrt{\frac{\Delta PP_1}{T_1}} \quad (6-7)$$

流量相对误差:

$$\frac{dG}{G} = \frac{1}{2}\left(\left|\frac{\partial \Delta P}{\Delta P}\right| + \left|\frac{\partial P_1}{P_1}\right| + \left|\frac{\partial T_1}{T_1}\right|\right) \quad (6-8)$$

$$\frac{dG}{G} = \frac{1}{2}\sqrt{0.05\%^2 + 0.05\%^2 + 0.17\%^2} = 0.092\% \quad (6-9)$$

其中：压差采用活塞式压力计，精度达到 0.05%；气源温度取 300K，温度传感器测量误差为 ±0.5K，$|\partial T_1/T_1| = 0.17\%$。

2）膨胀比

$$\pi_{t\text{试验}} = P_{in}^* / P_{out}^* \quad (6-10)$$

膨胀比相对误差：

$$\frac{d\pi_{t\text{试验}}}{\pi_{t\text{试验}}} = \left[\left|\frac{1}{P_{out}^*}\partial P_{in}^*\right| + \left|P_{in}^*\frac{1}{(P_{out}^*)^2}\partial P_{out}^*\right|\right]/\pi_{t\text{试验}} = \left|\frac{\partial P_{in}^*}{P_{in}^*}\right| + \left|\frac{\partial P_{out}^*}{P_{out}^*}\right| \quad (6-11)$$

$$\frac{d\pi_{t\text{试验}}}{\pi_{t\text{试验}}} = \sqrt{0.2\%^2 + 0.2\%^2} = 0.28\% \quad (6-12)$$

3）涡轮功率

$$N = \frac{2\pi n}{60}M_t \quad (6-13)$$

涡轮功率误差，取涡轮转速 10000r/min，则测功器转速约为 1440r/min。

$$\frac{dN}{N} = \left|\frac{\partial n}{n}\right| + \left|\frac{\partial M_t}{M_t}\right| \approx \sqrt{0.1\%^2 + \left|\frac{\pm 1}{1440}\right|^2} \approx 0.12\% \quad (6-14)$$

4）涡轮效率

$$\eta_T^* = \frac{N_{\text{试验}}/(\eta_{\text{机械效率}})}{G_{\text{试验}}\dfrac{k}{k-1}RT_{t0\text{试验}}(1 - 1/\pi_{t\text{试验}}^{0.286})} \quad (6-15)$$

涡轮效率误差：

$$\left|\frac{d\eta_T^*}{\eta_T^*}\right| = \left|\frac{\partial N}{N}\right| + \left|\frac{\partial G}{G}\right| + \left|\frac{\partial T_{in}^*}{T_{in}^*}\right| + \left|\frac{0.286\pi_{t\text{试验}}^{-0.286}}{1 - \pi_{t\text{试验}}^{-0.286}}\frac{\partial \pi_{t\text{试验}}}{\pi_{t\text{试验}}}\right| \quad (6-16)$$

其中：取进口温度 300K，温度传感器测量误差为 ±0.5K，$|\partial T_{in}^*/T_{in}^*| = 0.17\%$。涡轮效率约为 0.90，膨胀比约为 1.914，则涡轮效率误差百分点为

$$d\eta_T^* = \pm 0.90\sqrt{(0.12\%^2 + 0.092\%^2 + 0.17\%^2 + 1.4^2 * 0.28\%^2)} \approx \pm 0.5\% \quad (6-17)$$

涡轮效率误差百分点为 ±0.5%。

### 6.3.3 典型试验结果

部分可调导叶涡轮级气动性能试验如图 6-25~图 6-27 所示。限于篇幅,对结果的讨论不再赘述。

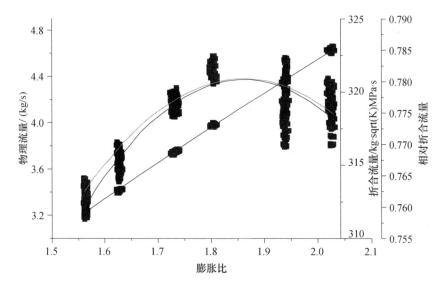

图 6-25　-5°转角下相对转速 $n=0.6$ 时试验流量

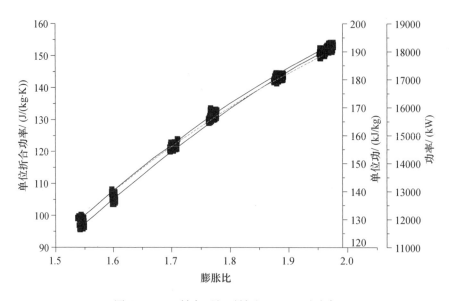

图 6-26　0°转角下相对转速 $n=1.0$ 时功率

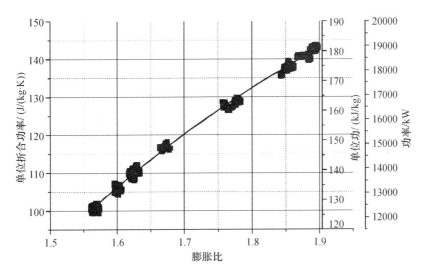

图 6-27　+2°转角下相对转速 $n=1.05$ 时功率

## 6.4　整环可调导叶热环境结构验证试验

变几何涡轮(整环)结构验证件由机匣组件、可调导叶、护板、联动装置、柔性石墨垫片及轴套、冷却空气系统、操控系统装置等组成。联动装置及操控系统共同起到调节控制导叶转动角度的作用,冷却空气系统用于测量可调导叶顶部漏气量。整套装置通流部分燃气温度为 800℃ 左右,外部壁面温度为 400℃ 左右,其试验目的是验证变几何涡轮整体结构的可靠性。

### 6.4.1　热环境试验装置及测试

**1. 试验装置转接段冷却水套设计加工**

冷却水套材质采用 304 不锈钢,外壁厚 10mm,内壁厚 4mm,冷却空气管穿过内外壁接入,供水管路用高压软管连接,转接段与试验件接口采用石墨缠绕垫密封。冷却水套结构如图 6-28 所示。

**2. 液压泵站测控元件调试**

变几何涡轮试验件通过液压传动装置对转动环施加切向力,进而通过联动装置带动可调导叶转动。试验研究中首先在冷态条件下完成液压泵站测控元件的恢复及液压行程调节。图 6-29、图 6-30 为试验中应用的液压传动系统,

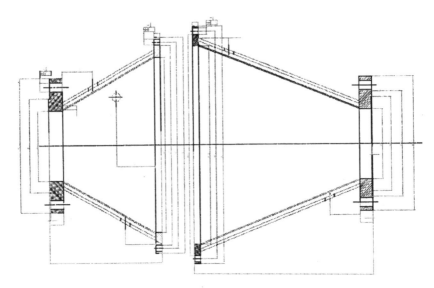

图 6-28 转接段冷却水套结构图

试验过程中通过调整液压泵出口压力调节向传动环传递力的大小,通过调节活塞上指针与行程开关的相对位置使活塞杆行程与可调导叶位移要求相匹配。

图 6-29 液压泵

图 6-30 液压油缸

图 6-31 给出了变几何涡轮可调导叶转角测量装置。刻度盘与可调导叶转轴圆心重合,并将刻度盘固定在可调导叶转轴上。试验中要求可调导叶在

-10°~+10°变化,因此调试过程中通过调整活塞杆行程及指针相对位置使变几何涡轮可调导叶位移满足试验具体要求。

图 6-31 可调导叶转角测量装置

### 3. 试验装置介绍

变几何涡轮结构验证试验在哈尔滨工程大学化学回热试验台完成,试验系统如图 6-32 所示。试验台主要包括气源、稳压箱、燃烧室、试验段、空气预热器、燃油管路、燃气管路、冷却空气管路和冷却水管路。

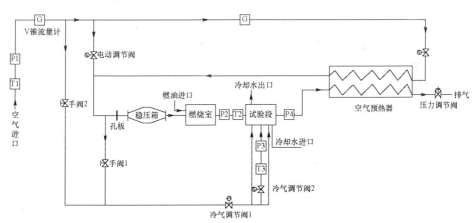

图 6-32 试验台系统图

按照工质分类,该试验台由燃气系统、冷却空气系统、燃油系统及冷却水系统四部分组成。燃气系统由三级离心空压机作为气源提供试验所需的压缩空气,空压机组流量调节范围为 1.5~2.7kg/s,额定工况压比为 10。压缩空气经稳压箱进入燃烧室燃烧产生高温燃气供入变几何涡轮试验段。

1) 试验台空气系统

试验中气源系统由我国寿力公司的三级离心空压机组管路系统(图 6 - 33)组成,在试验中可以调节空压机组出口压力设定值,使试验件进口压力满足试验要求,在排气管路中设置高温调节阀调节燃气流量,同时在试验系统中设置空气—燃气换热器(图 6 - 34)使冷气温度达到试验要求。

图 6 - 33　试验台空压机组

图 6 - 34　空气预热器

2) 供油燃烧系统

供油系统将柴油从油罐泵出,首先通过低压油滤、阀门和燃油流量计,再经过高压油滤和供油阀,最终进入试验燃烧室。在油泵后设有回油路,供油压力可由回油阀和供油阀进行电动调节。

启动点火用的燃油则直接由设在化学回热实验间内的油箱供给,燃油经过低压油滤、电磁活门后进入该试验燃烧室的启动喷嘴。燃烧室采用的是典型船用燃机用回流式燃烧室。燃烧室供油系统及燃烧段如图 6-35 和图 6-36 所示。

图 6-35　燃烧室供油系统

图 6-36　燃烧段

### 3) 测量设备

变几何涡轮结构试验需要监测的试验参数包括燃气流量、燃气温度、燃气压力、冷气温度及冷气流量。其中燃气流量为间接测量量,需根据式(6-18)计算:

$$G_a = K\sqrt{\frac{P}{RT}\Delta P} \qquad (6-18)$$

因此检定的仪器仪表包括空气进口压力传感器、温度传感器、流量计差压变送器。压力传感器、温度传感器及差压变送器由黑龙江省计量院检定,压力传感器检定结果为2级精度,温度传感器精度为±1.5%,差压变送器精度为0.5级。

燃气温度及压力的测量布置在试验件过渡段前的测量段上,如图6-37和图6-38所示。温度传感器采用上海仪表三厂生产的热电偶(精度0.5%),冷气流量采用旋进流量计(精度1%)测量,所有的测量参数都可由计算机实时采集并记录。

图6-37 燃气温度、压力测量位置

图6-38 冷气温度压力测量位置

### 4) 试验件介绍

变几何涡轮(整环)结构验证件由机匣组件、可调导叶、护板、联动装置、柔性石墨垫片及轴套、冷却空气系统、操控系统等装置组成(图6-39)。整套装置通流部分燃气温度为800℃左右,外部壁面温度为400℃左右,零部件在高温作用下要产生变形,导致高温气体泄漏或转动部件受阻,试验目的是测试涡轮可调导叶结构在高温高压条件下的密封结构和转动机构的可靠性。

第6章 变几何涡轮气动特性及可靠性试验技术

图 6-39 试验件系统安装图

## 6.4.2 试验步骤及方法

**1. 试验前检查工作**

(1)进行变几何涡轮可调导叶试验件外部检查并检查维护场地,试验场地内不应有不相干的物体。

(2)检查试验件与试验台连接是否牢固无泄漏。

(3)开启可调导叶转动控制系统和泵站冷却风机,检查冷态下导叶转动是否正常。

(4)开启冷却水系统,检查试验件水套能否正常工作。

(5)检查其他管路和阀门的工作状态。

(6)检查数据采集系统的工作状态(包括漏气测量流量计、燃气进气流量测量装置、压力测试仪表等)。

(7)检查变几何涡轮可调导叶试验件在底座上的固定,检查螺栓连接,证实它们完全被拧紧。

**2. 试验系统启动顺序**

(1)启动可调导叶水套冷却水装置,并将阀门打开到全开位置。

(2)启动可调导叶转动控制系统,按油泵启动按钮—油泵启动—按油缸工作按钮—油缸活塞杆开始工作—按冷却器按钮—冷却器开始工作。

(3)开启空气压缩机系统,进行可调导叶试验件冷吹,持续 1~5min。

(4)开启燃气发生系统,缓慢提升工况,并按要求进行数据记录。

3. 试验停止

(1)关闭点火油路电磁阀。

(2)关闭可调导叶控制系统,按冷却器停止按钮,冷却器停止,按油缸停止工作按钮,油缸停止工作,按油泵停止按钮,油泵停止。

(3)对试验管路系统冷吹,待管路系统温度降至 100℃ 以下,关闭空压机组。

(4)关闭冷却水系统。

### 6.4.3 试验结果与分析

1. 试验记录

本次变几何涡轮结构验证试验共分 5 次完成,试验工作压力 0.4MPa 左右,起始燃气流量 2.0kg/s。每次试验启动时调整燃油流量使燃气温度升高至 500℃、600℃、700℃,并在各温度点稳定 30min,最后将燃气温度提升至 800℃ 左右,记录导叶转动机构往复运动次数直至关机。

图 6-40~图 6-42 记录了试验过程中燃烧系统、可调导叶及试验件等的工作情况。每次试验停机冷却后随机选取可调导叶转动,检查是否有由于热应力咬死现象。第一次试验在 500℃、600℃、700℃ 均能正常工作,800℃ 左右时适当增加液压泵出口压力,出现活塞杆与传动杆间连接螺栓拉断现象,试验暂时中止,待维修后继续试验,直至满足该可靠性试验要求。表 6-7 给出了试验记录的样表格式。

图 6-40 试验时燃烧状态

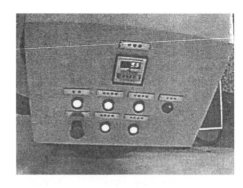

图 6-41 转动机构控制及记录系统

图 6-42　试验后试验件表面氧化情况

表 6-7　第 × 次试验记录结果

| 记录时间 | ×年×月×日 | | | |
|---|---|---|---|---|
| 总温/℃ | 500 | 600 | 700 | 800 |
| 试验时间/min | 20 | 20 | 20 | 150 |
| 开始、停止时间 | 9:30—9:50 | 9:50—10:10 | 10:10—10:30 | 10:30—13:00 |
| 进口燃气流量/(kg/s) | 2 | 1.96 | 1.9 | 1.86 |
| 进口燃气总压/MPa | 0.4 | 0.4 | 0.4 | 0.4 |
| 转动机构往复运动次数 | 55 | 55 | 55 | 410 |
| 导叶偏转角度 | $-10°\sim10°$ | $-10°\sim10°$ | $-10°\sim10°$ | $-10°\sim10°$ |

## 2. 试验异常情况及其处理

试验过程中除发生一次连接螺栓拉断现象外,在首次试验中出现冷却水超温现象,经检查发现原因在于连接段冷却水套与试验台其他水冷设备联合供水流量分布不均导致局部过热。试验现场调节喷淋冷却器与测量段冷却水阀门开度,进而调节冷却水流量分布使局部过热现象消失。燃气温度提升至 800℃ 左右后,试验中发现变几何涡轮试验段附近偶尔有火星,经现场仔细观察,原因在于温度升高后传动环与试验件间隙变小,偶尔产生摩擦现象,由于不影响变几何涡轮试验件工作,试验中未作处理。

### 3. 试验件分解检查

试验后对涡轮可调导叶试验件进行了分解检查,对关键的配合尺寸进行了复测,经检查涡轮可调导叶机匣内外表面状态良好,可调导叶叶顶和叶根处无摩擦痕迹(图6-43和图6-44),陶瓷转轴和陶瓷轴套无磨损痕迹,柔性石墨轴套和柔性石墨垫片状态良好,关节轴承上有轻微磨痕,试验件整体状态良好。

图6-43 试验前可调导叶状态

图6-44 试验后可调导叶状态

4. 试验结论

(1) 在操控系统控制下,变几何涡轮可调导叶共进行往复运动 2600 余次,涡轮可调导叶在高温高压条件下转动机构转动灵活无卡死现象发生。

(2) 试验件无燃气泄漏。

(3) 试验液压控制系统的行程开关设计精度为 $\pm 0.2\text{mm}$,折合成可调导叶偏转角度误差为 $0.2°$。

(4) 试验结果表明变几何涡轮总体结构和密封结构设计可靠。

## 6.5 小结

本章主要从可调导叶平面叶栅气动性能试验、可调导叶扇形叶栅气动性能及过渡态特性试验、可调导叶涡轮级气动性能试验和整环可调导叶热环境结构验证试验等方面进行了概述。

变几何涡轮的气动和结构设计难度很大,在变几何涡轮的研制过程中,需要从气动、结构设计及可靠性等方面依次开展试验,以确保变几何涡轮的宽工况高效率、高可靠性和可维护性。

# 参考文献

[1] 伍赛特. 舰用燃气轮机动力装置的前景展望[J]. 现代制造技术与装备,2018(12): 204-206.

[2] Pearson D, Newman S. The development & application of the Rolls - Royce MT30 marine gas turbine[N]. ASME Paper GT2011-45484,2011.

[3] 杨立山,郑培英,聂海刚,等. 航改大功率、高效率舰船燃气轮机的技术发展途径探讨[J]. 航空发动机,2013,39(6):74-78.

[4] McCarthy S J, Scott I. The WR-21 intercooled recuperated gas turbine engine: operation and integration into the royal navy type 45 destroyer power system[N]. ASME Paper GT2002-30266,2002.

[5] Tooke R W, Bricknell D. Propulsion systems and the MT30 marine gas turbine - the quest for power[N]. ASME Paper GT2003-38951,2003.

[6] 高杰,岳国强,郑群. 船用燃气轮机动力涡轮气动设计及流动机理[M]. 北京:科学出版社,2020.

[7] 翁史烈,王永泓,宋华芬,等. 现代燃气轮机装置[M]. 上海:上海交通大学出版社,2015.

[8] Haglind F. Variable geometry gas turbines for improving the part-load performance of marine combined cycles - combined cycle performance[J]. Applied Thermal Engineering,2011,31(4):467-476.

[9] 邹正平,王松涛,刘火星,等. 航空燃气轮机涡轮气体动力学:流动机理及气动设计[M]. 上海:上海交通大学出版社,2014.

[10] 邱超,宋华芬. 变几何燃气轮机性能的计算分析[J]. 热能动力工程,2010,25(4): 377-380.

[11] 李孝堂. 航机改型燃气轮机设计及试验技术[M]. 北京:航空工业出版社,2017.

[12] Cox J C, Hutchinson D, Oswald J I. The westinghouse/rolls - royce WR-21 gas turbine variable area power turbine design[N]. ASME Paper 95-GT-54,1995.

[13] 胡松岩. 变几何涡轮及其设计特点[J]. 航空发动机,1996(3):21-26.

[14] Moffitt T P, Whitney W J, Schum H J. Performance of a single - stage turbine as affected by variable stator area[N]. AIAA Paper 69-525,1969.

[15] 冯永明,刘顺隆. 舰船燃气轮机变几何动力涡轮三维粘性流场的数值分析[J]. 哈尔滨工

程大学学报,2005,26(5):580-585.
- [16] 高杰,郑群,岳国强,等.燃气轮机变几何涡轮气动技术研究进展[J].中国科学:技术科学,2018,48(11):1141-1150.
- [17] Gao J,Huo D C,Song Y K,et al. Numerical investigation on aerodynamic characteristics of variable geometry turbine vane cascade for marine gas turbines[N]. ASME Paper GT2020-14853,2020.
- [18] 高杰,郑群,赵旭东,等.大子午扩张变几何动力涡轮流场及损失特性分析[J].机械工程学报,2017,53(10):193-200.
- [19] Gao J,Wei M,Liu P F,et al. Improved clearance designs to minimize aerodynamic losses in a variable geometry turbine vane cascade[J]. Proc IMechE Part C:Journal of Mechanical Engineering Science,2018,232(17):3085-3101.
- [20] Gao J,Fu W L,Wang F K,et al. Experimental and numerical investigations of tip clearance flow and loss in a variable geometry turbine cascade[J]. Proc IMechE Part A:Jouranl of Power and Energy,2018,232(2):157-169.
- [21] 谭善文,岳国强,孙国志,等.变几何涡轮级端区流动干涉机理研究[C].2014年度中国工程热物理学会热机气动热力学及流体机械学术会议,2014.
- [22] Gao J,Zheng Q,Yue G Q,et al. Variable geometry design of a high endwall angle power turbine for marine gas turbines[N]. ASME Paper GT2015-43173,2015.
- [23] 冯永明,刘顺隆,刘敏,等.船用燃气轮机变几何动力涡轮大攻角流动特性的三维数值模拟[J].热能动力工程,2005,20(5):459-463.
- [24] 冯永明,黄全军,刘顺隆,等.舰船燃气轮机变几何动力涡轮通流特性的数值研究[J].燃气轮机技术,2005,18(2):37-42.
- [25] 岳国强,景晓旭,张玥,等.涡轮叶片的后加载改型设计[C].2012年度中国工程热物理学会热机气动热力学及流体机械学术会议,2012.
- [26] 孙国志,岳国强,高杰,等.叶顶开槽平面叶栅变几何性能研究[J].工程热物理学报,2017,38(2):242-245.
- [27] 邓庆锋,郑群,刘春雷,等.基于控制轴向速度变化的1.5级涡轮压力可控涡设计[J].航空学报,2011,323(12):2182-2193.
- [28] 孟福生,高杰,郑群,等.大子午扩张涡轮端区的流动传热及端区正弯效果的数值研究[J].推进技术,2019,40(6):1247-1255.
- [29] 林奇燕,郑群,岳国强.叶栅二次流旋涡结构与损失分析[J].航空动力学报,2007,22(9):1518-1525.
- [30] 岳国强,李冬,郑群,等.变几何涡轮驱动轴结构对可调导叶流场影响的数值研究[C].2011年度中国工程热物理学会热机气动热力学及流体机械学术会议,2011.
- [31] Yue G Q,Yin S Q,Zheng Q. Numerical simulation of flow fields of variable geometry turbine

with spherical endwalls or nonuniform clearance[N]. ASME Paper GT2009 – 59737,2009.

[32] 高杰,郑群.叶顶凹槽形态对动叶气动性能的影响[J].航空学报,2013,34(2):218 – 226.

[33] 高杰,郑群,刘鹏飞,等.变几何涡轮叶栅叶端小翼的气动性能[J].航空学报,2016,37(12):3615 – 3624.

[34] Gao J,Zheng Q,Yue G Q. Reduction of tip clearance losses in an unshrouded turbine by rotor – casing contouring[J]. AIAA Journal of Propulsion and Power,2012,28(5):936 – 945.

[35] 赵巍,李东彪,傅依顺,等.变几何涡轮导向叶片及调节机构设计研究[C].辽宁省航宇学会动力专业委员会2017(第二十届)学术会议论文集,2017.

[36] 刘鹏飞,高杰,牛夕莹,等.大子午扩张变几何涡轮可调叶片端区设计优化[J].航空动力学报,2017,32(3):558 – 567.

[37] 于惠力,冯新敏.机械工程师版简明机械设计手册[M].北京:机械工业出版社,2017.

[38] 温秉权,王宾,路学成.金属材料手册[M].2版.北京:电子工业出版社,2013.

[39] Gao J,Wang F K,Fu W L,et al. Experimental investigation of effects of tip cavity on tip clearance flow in a variable – geometry turbine cascade[J]. ASCE Journal of Aerospace Engineering,2017,30(1):1 – 9.

[40] Niu X Y,Liang C,Jing X M,et al. Experimental investigation of variable geometry turbine annular cascade for marine gas turbines[N]. ASME Paper GT2016 – 56726,2016.

[41] 宁有智,张龙,劳新力.变几何涡轮可靠性试验研究[J].科技创新导报,2017(28):96 – 98.

[42] 刘顺隆,冯永明,刘敏,等.船用燃气轮机动力涡轮可调导叶级的流场结构[J].热能动力工程,2005,20(2):120 – 124.

[43] 冯永明,刘顺隆,刘敏,等.考虑动静干涉的多级透平叶栅大攻角流动特性的三维数值分析[J].汽轮机技术,2003,45(6):347 – 352.

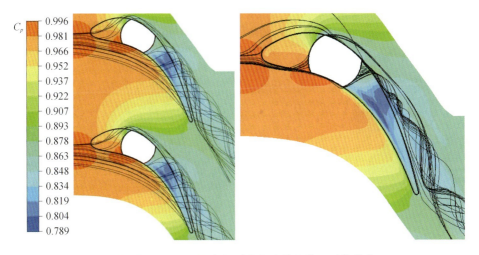

图 2-3　可调导叶顶部间隙泄漏流线及静压系数分布

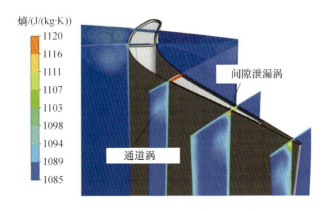

图 2-4　可调导叶顶部间隙泄漏损失发展

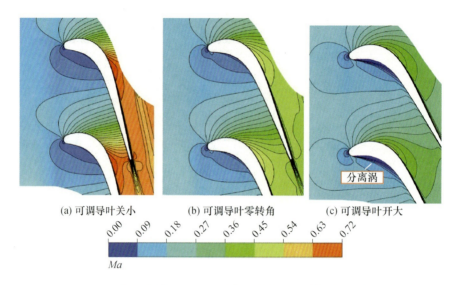

图 2-7 不同转角下可调导叶中间叶高截面马赫数分布

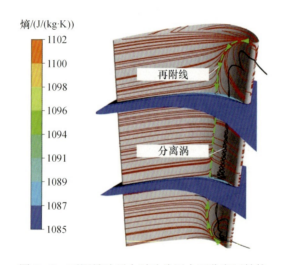

图 2-8 可调导叶开大时叶片压力面分离区结构

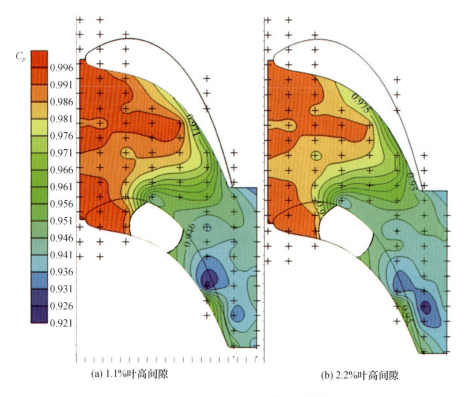

(a) 1.1%叶高间隙     (b) 2.2%叶高间隙

图 2-9  可调导叶机匣端壁静压系数分布

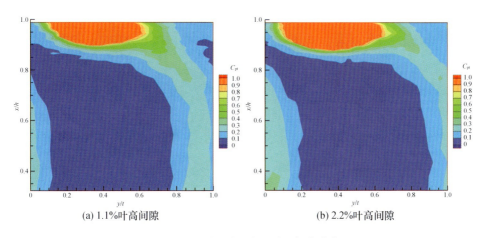

(a) 1.1%叶高间隙     (b) 2.2%叶高间隙

图 2-11  可调导叶出口总压损失分布

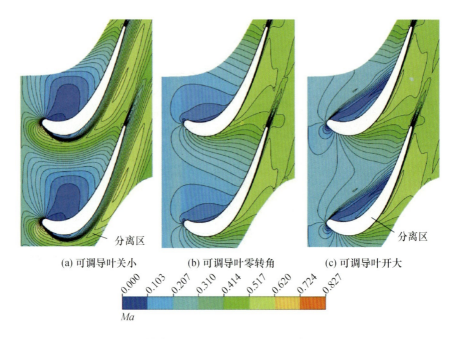

图 2-15 不同转角下可调导叶级动叶中间叶高截面马赫数分布

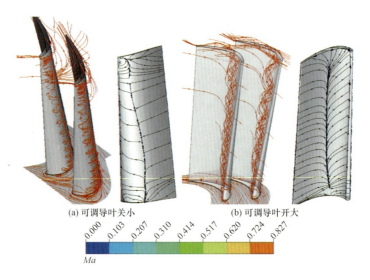

图 2-16 可调导叶关小和开大时动叶表面极限流线分布

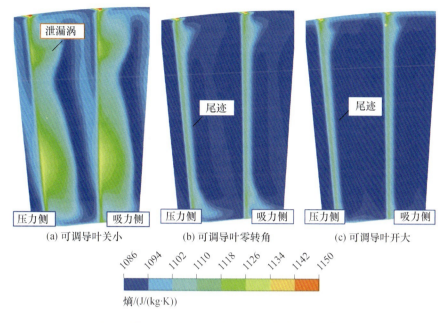

图 2-17 不同转角下可调导叶级动叶出口熵分布

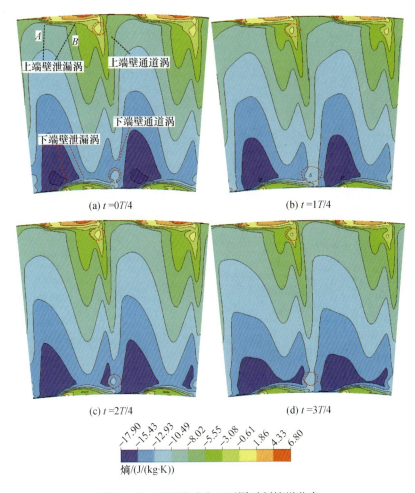

图 2-18 可调导叶出口不同时刻熵增分布

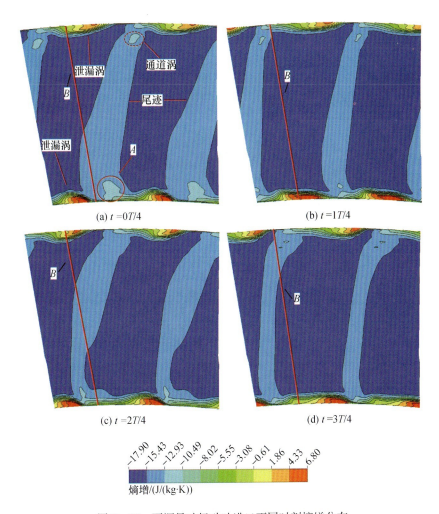

图 2-19 可调导叶级动叶进口不同时刻熵增分布

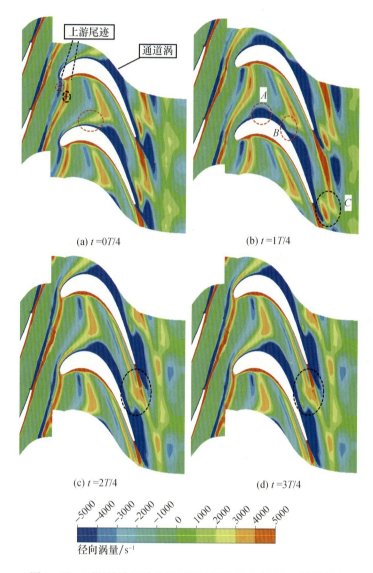

图 2-20 可调导叶级动叶 5% 叶高截面不同时刻径向涡量分布

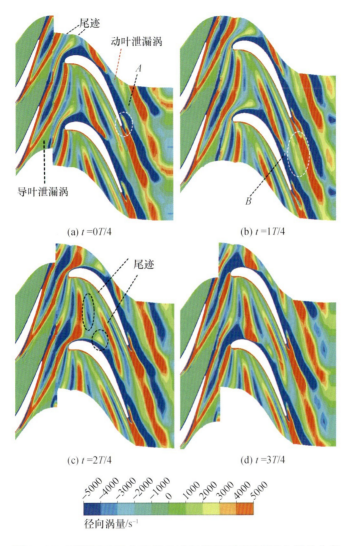

图 2-21 可调导叶级动叶 95%叶高截面不同时刻径向涡量分布

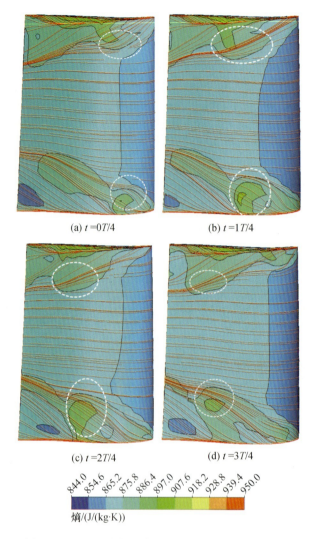

图 2-22 可调导叶级动叶吸力面极限流线和熵分布

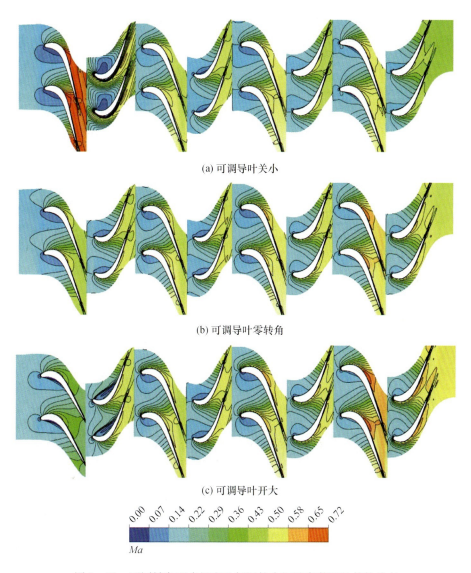

图2-23 不同转角下多级变几何涡轮中间叶高截面马赫数分布

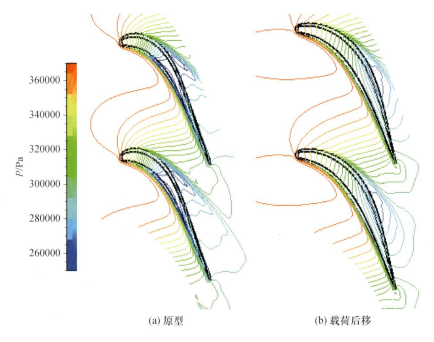

(a) 原型　　　　　(b) 载荷后移

图 3-13　涡轮顶部叶型截面静压分布

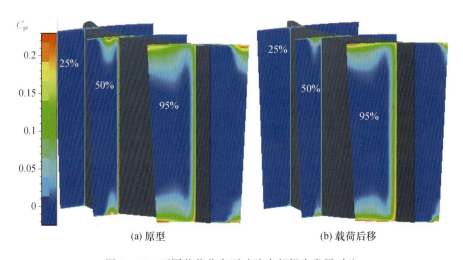

(a) 原型　　　　　(b) 载荷后移

图 3-15　不同载荷分布下叶片内部损失发展对比

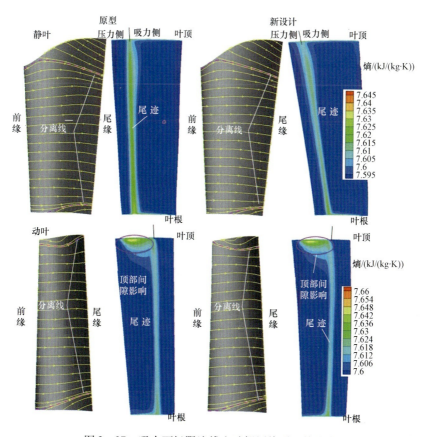

图 3-27 吸力面极限流线和叶栅尾缘平面熵分布

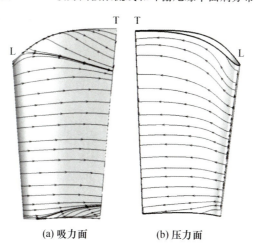

(a) 吸力面　　(b) 压力面

图 3-30 导叶片表面极限流线图谱

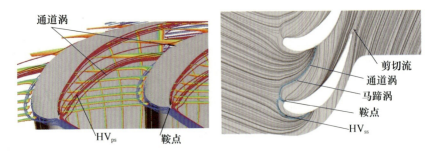

图 3-31 大子午扩张涡轮顶部端区二次流结构

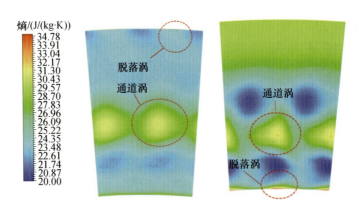

图 3-35 涡轮前过渡段出口熵增分布

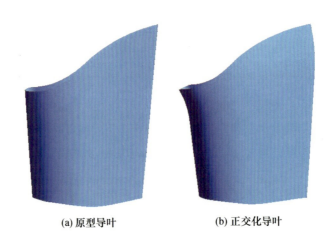

(a) 原型导叶　　　　　(b) 正交化导叶

图 3-37 变几何涡轮导叶片对比

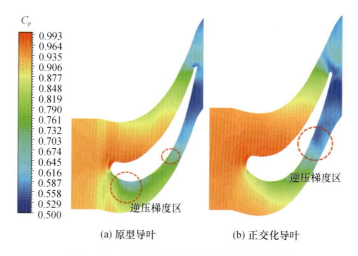

(a) 原型导叶　　　　(b) 正交化导叶

图 3-38　变几何涡轮导叶片上端壁静压分布

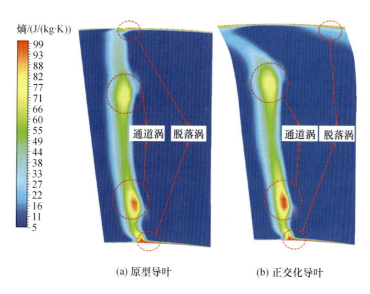

(a) 原型导叶　　　　(b) 正交化导叶

图 3-39　变几何涡轮可调导叶出口熵增分布

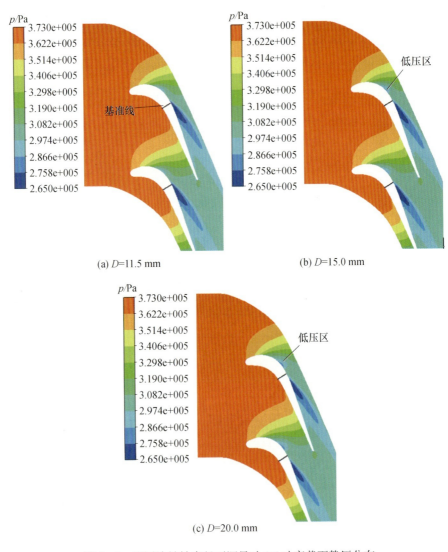

图 4-2　不同旋转轴直径可调导叶 1% 叶高截面静压分布

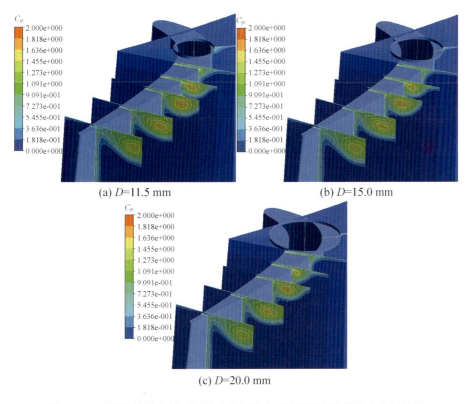

图4-3 不同旋转轴直径可调导叶轮毂端壁区域总压损失沿流向发展情况

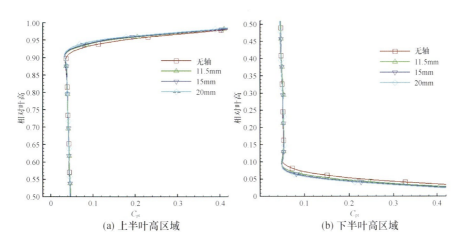

图4-4 不同旋转轴直径可调导叶出口总压损失沿叶高分布

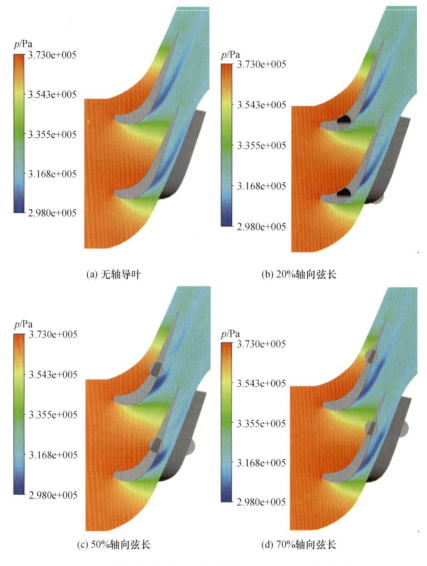

(a) 无轴导叶　　　　　　　　(b) 20%轴向弦长

(c) 50%轴向弦长　　　　　　(d) 70%轴向弦长

图 4－6　不同旋转轴安装位置可调导叶 98% 叶高截面静压分布

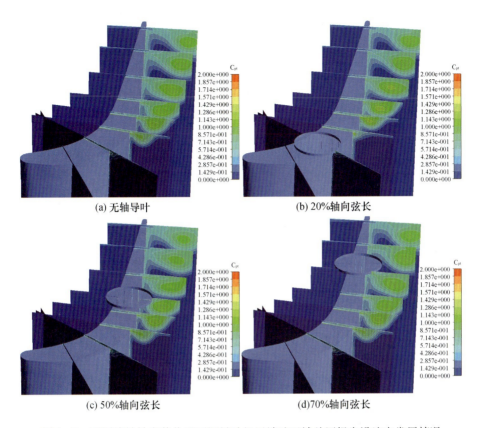

图4-7 不同旋转轴安装位置可调导叶机匣端壁区域总压损失沿流向发展情况

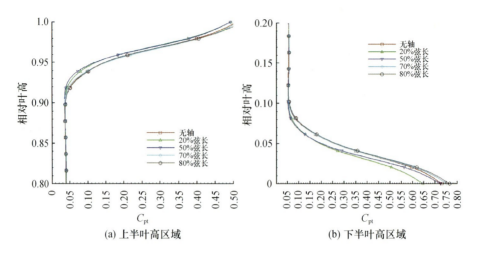

图4-8 不同旋转轴安装位置下变化可调导叶出口总压损失沿叶高分布

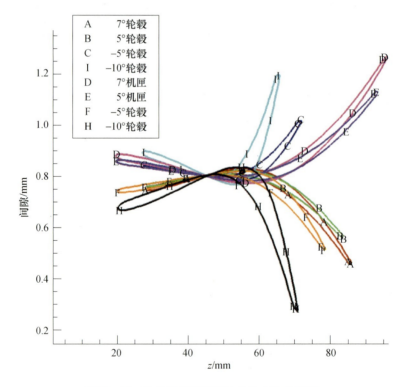

图4-10 叶片端部间隙随转角的变化分布图

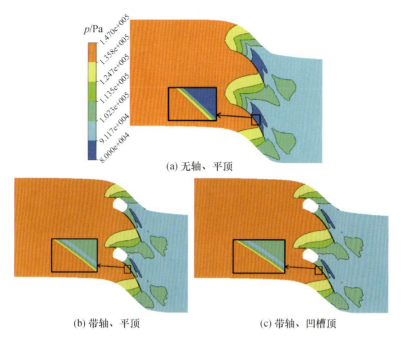

图4-20 不同叶端结构下间隙中间截面静压分布

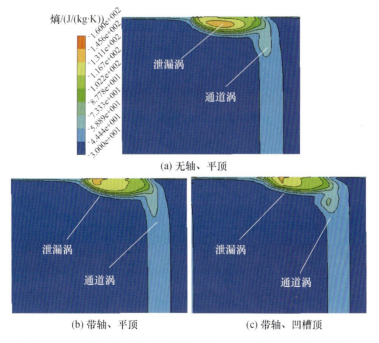

图4-21 不同叶端结构下可调导叶出口10%轴向弦长截面熵分布

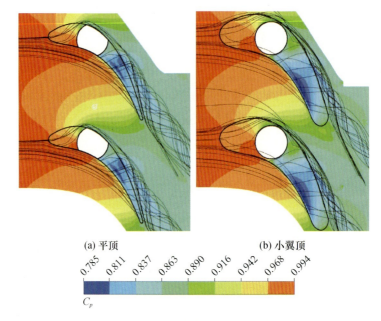

(a) 平顶　　　　　　　　　(b) 小翼顶

$C_p$ : 0.785　0.811　0.837　0.863　0.890　0.916　0.942　0.968　0.994

图 4-24　叶端流线及机匣无量纲静压分布

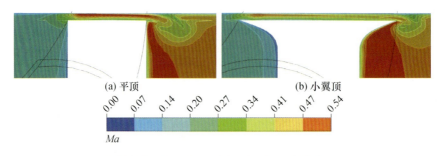

(a) 平顶　　　　　　　　　(b) 小翼顶

$Ma$ : 0.00　0.07　0.14　0.20　0.27　0.34　0.41　0.47　0.54

图 4-26　70%轴向弦长位置截面马赫数分布

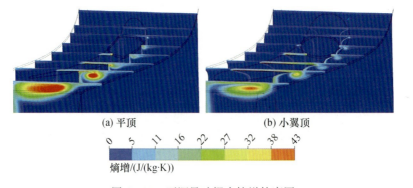

(a) 平顶　　　　　　　　　(b) 小翼顶

熵增/(J/(kg·K)) : 0　5　11　16　22　27　32　38　43

图 4-27　可调导叶栅内熵增轮廓图

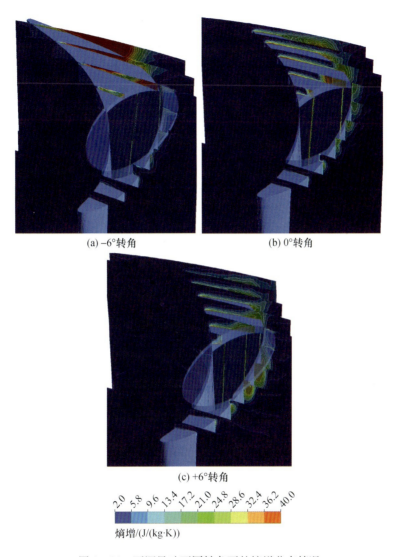

图 4-34 可调导叶不同转角下的熵增分布情况

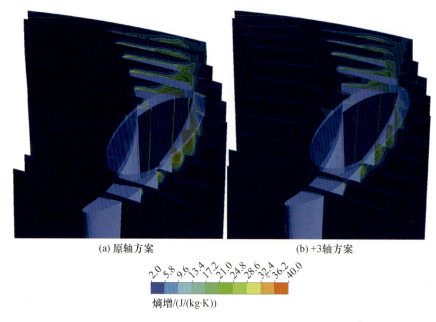

(a) 原轴方案　　　　　　　　(b) +3轴方案

熵增/(J/(kg·K))

图 4-36　+6°转角时不同轴端方案沿轴向各截面的熵增变化图

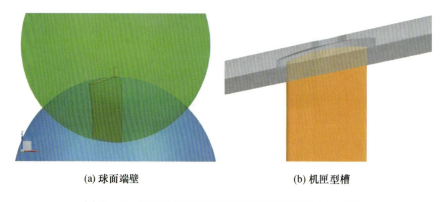

(a) 球面端壁　　　　　　　　(b) 机匣型槽

图 4-40　机匣处理在可调导叶端部结构设计上的应用

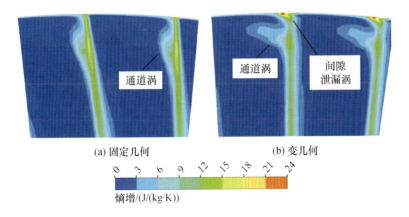

图 4-47　固定几何和变几何导叶出口熵增分布对比

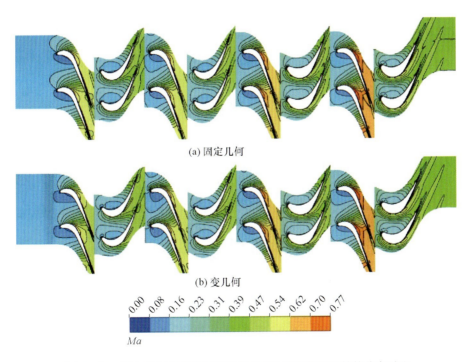

图 4-49　固定几何和变几何四级涡轮 5% 叶高截面马赫数分布对比

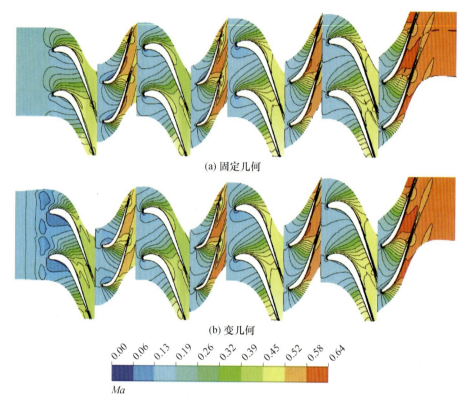

图4-50 固定几何和变几何四级涡轮95%叶高截面马赫数分布对比

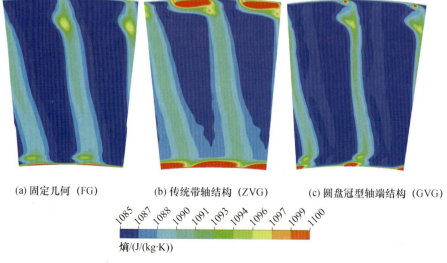

图4-56 三种变几何涡轮可调导叶出口熵分布对比

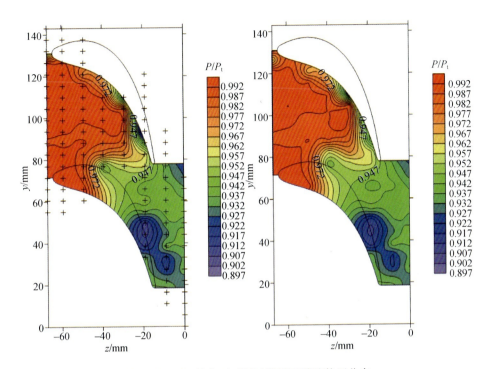

图 6-5 -6°转角下可调叶栅机匣端壁静压分布

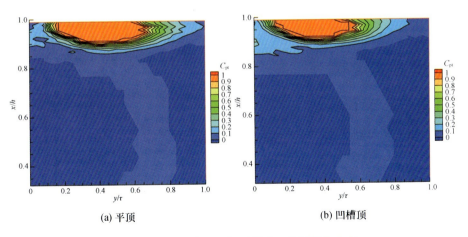

(a) 平顶         (b) 凹槽顶

图 6-6 -6°转角下可调叶栅出口总压损失分布

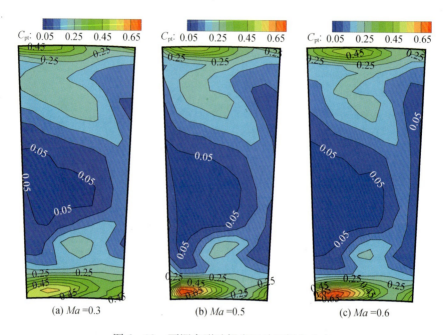

图6－18 可调扇形叶栅出口总压损失分布